ディープ ラーニング G検定

この1冊で合格!

ジェネラリスト

集中テキスト&問題集

ノマド・ワークス 著

ナツメ社

アイコ先生

シンソウ君

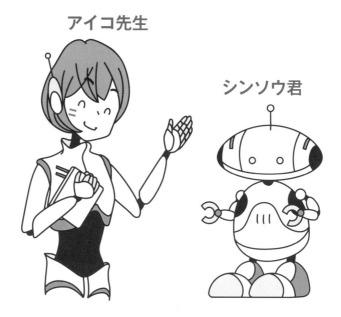

はじめに

　「人工知能（AI）」に対する世間一般のイメージは、エアコンや炊飯器に搭載されているものから、近未来SFに登場する人類の脅威まで、じつに様々です。しかし近年、人工知能がとくに高い注目を集めているのは、「ディープラーニング」と呼ばれる技術によるものでしょう。

　ディープラーニングは、画像認識や自然言語処理、音声認識といった分野で高い精度を示し、様々な分野で実用化されています。現在、インターネット抜きでのビジネスが考えられないのと同様に、ディープラーニングも導入を考慮しなければならない要素のひとつになりつつあります。しかし、ではディープラーニングとはどんな技術なのかと聞かれても、エンジニア以外の人にはなかなか答えることが難しいのではないでしょうか。

　日本ディープラーニング協会が主催する「ディープラーニングG検定」は、専門のプログラマではない一般の実務者（ジェネラリスト）が、ディープラーニングについて一歩踏み込んだ知識を得るのに最適な検定試験です。

　本書は、G検定の合格に必要な知識を得るためのテキストと問題集をまとめた参考書です。試験対策書として、過去の出題内容を分析し、効率的に学習できるよう工夫しています。知識ゼロからスタートできますので、ぜひ本書を活用して試験にチャレンジしていただきたいと思います。

　学習によって身につけた知識は、試験合格という結果にとどまらず、実務で役に立つことでしょう。本書がその助けになれば幸いです。

（株）ノマド・ワークス

本書の使い方

赤シートでポイントを
隠して覚えられます。

頻出度
試験の頻出度。電球が多いほど
出題傾向が高くなります。

講師から一言
各節の要点をわかりやすく
まとめています。

ポイント
解説から特に重要なことをポイ
ントでまとめています。

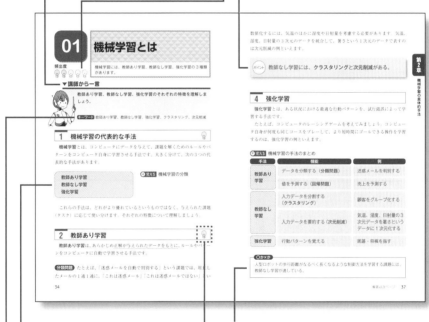

覚える
試験対策として、必ず
覚えておきましょう。

キーワード
各節で学習する用語を
まとめています。

○か×か
合格に必要な知識をクイズ形式で出題
しています。

出題頻度の高い項目をマークして
います。

確認問題

確認問題

各章の最後に、1問1答式の確認問題で
自分の理解度をチェックしましょう。

わからない時は、解説を
読み返して、理解を深め
ましょう。

模擬試験

実際の出題形式に則した模擬試験を用
意しました。問題は章ごとにまとめて
あるので、章ごとの復習にも、試験直
前の実力チェックにも活用できます。

不正解だった問題
には、設問番号の
□に斜線を入れ、
☑のようにしてお
くと、次回はその
問題だけ再チャレ
ンジできます。

目次

第1章　人工知能（AI）とは

> **確認問題**　30

第2章　機械学習の具体的手法

第 3 章　機械学習の実行

第 4 章　ディープラーニングの概要

第5章　ディープラーニングの手法

第8章　模擬試験

受験ガイド

◆試験概要

G検定は、ディープラーニングを事業に活用する人材（ジェネラリスト）を育成するための資格試験です。

実施機関	一般社団法人日本ディープラーニング協会（JDLA）
受験資格	制限なし
試験形式	オンライン試験（自宅受験）
試験時間	120分
出題形式	多肢選択式（小問191問）　※2021年第1回実績
出題範囲	シラバスより出題
受験費用	一般：12,000円＋税 学生：5,000円＋税
試験日程	年3回（3月、7月、11月）　※2020年までの実績

◆申込方法

受験申込は試験日の約2か月前から受け付けています。個人で受験する場合は、G検定の受験サイトで次回の試験日と申込期間を確認してください。

受験申込にあたっては、JDLAのアカウント（無料）が必要です。まだアカウントを作成していない場合は、受験サイトの案内にしたがってアカウントを作成してください。

作成したアカウントでログインしたら、受験サイトの案内にしたがって申込手続きをします。受験料の支払にはクレジット決済またはコンビニ決済、バウチャーが利用できます。

受験サイト　https://www.jdla-exam.org/d/
※URLは変更される場合があります。

◆試験前の準備

G検定は、受験者が試験会場に出向いて受験するのではなく、自宅などのコンピュータからインターネットを介して受験します。

受験に使用するコンピュータの推奨環境は以下のとおりです。スマートフォンやタブレットの使用は推奨されません。

PC 環境	Windows（Win8.1 および Win10） macOS（10.13 以上）
ブラウザの バージョン	Google Chrome 最新版 Mozilla Firefox 最新版 Safari 最新版 Microsoft Internet Explorer 11 最新版 Microsoft Edge 最新版
画面解像度	1024x768 以上
接続回線	1Mbps 以上の安定した回線
その他	JavaScript と Cookie を有効にする。 ポップアップブロックを設定している場合は解除しておく。

※最新の情報は受験サイトを参照してください。

受験サイトの［**試験前までにクリック**］をクリックすると、使用するコンピュータの動作を「**チュートリアル**」で確認できます。試験当日までにかならず確認しておきましょう。

◆試験当日の準備

試験当日は、開始時間までに受験サイトにログインし、［**受験する**］をクリックします。開始時間を 10 分過ぎると受験できなくなるので注意しましょう。

いったん試験を開始したら途中で止めることはできないので、必要な準備は試験開始前にすませておきましょう。計算問題もあるので、筆記具とメモ用紙は用意しておいてください。

◆解答のコツ

* 自宅試験なので、試験中に参考書をみたり、ネットで検索することは可能です。ただし、約 200 問を 120 分以内に解答しなければならないので、いちいち確認している時間はありません。知識が頭に入っていなければ合格は難しいでしょう。

- 試験中、問題にチェックマークを付けておくと、自信のない問題を後で見直すことができます。ただし、チェックをつけた問題が多すぎると見直しも難しくなるので、自信のない問題でも何らかの解答を入れておいたほうがいいでしょう。
- 問題には「適切な選択肢」を選ぶものと「不適切な選択肢」を選ぶものが混在しています。うっかり間違えないように注意しましょう。
- 問題数が多いので、類似した問題が何問か出題される場合があります。問題文や選択肢が、別の問題のヒントになっていることがあります。

【出題画面の例】

※画面構成は変更される場合があります。

本書では、第9章に実際の問題数に近い模擬試験を用意しています。第9章は章ごとに問題をまとめていますが、実際の試験では問題はシャッフルされているので注意してください。

◆合格発表

試験結果は試験の1～2週間後に、登録したメールアドレス宛に送信されます。得点や合格ラインは発表されません。

◆シラバス（試験範囲）

シラバスの内容は変更されることがあります。

大項目	中項目	対応する本書の章
人工知能とは	人工知能の定義	第1章
	人工知能研究の歴史	
人工知能をめぐる動向	探索・推論	
	知識表現	
	機械学習・深層学習	
人工知能分野の問題	人工知能分野の問題	
機械学習の具体的手法	教師あり学習	第2章・第3章
	教師なし学習	
	強化学習	
	モデルの評価	
ディープラーニングの概要	ニューラルネットワークとディープラーニング	第4章
	ディープラーニングのアプローチ	
	ディープラーニングを実現するには	
	活性化関数	
	学習の最適化	
	更なるテクニック	
ディープラーニングの手法	畳み込みニューラルネットワーク（CNN）	第5章
	深層生成モデル	
	画像認識分野	
	音声処理と自然言語処理分野	
	深層強化学習分野	
	モデルの解釈性とその対応	
	モデルの軽量化	
ディープラーニングの社会実装に向けて	AIと社会	第6章
	AIプロジェクトの進め方	
	データの収集	
	データの加工・分析・学習	
	実装・運用・評価	
	クライシス・マネジメント	
数理・統計	数理・統計	第7章

試験の実施要項は変更されることがあるので、事前に受験サイトに目を通して、最新情報を確認してください。

第 1 章

人工知能（AI）とは

01 人工知能とは何か

頻出度

人工知能は、英語の Artificial（人工の）Intelligence（知能）を訳したものです。頭文字をとって AI（エーアイ）といいます。

▼ 講師から一言

ディープラーニング（深層学習）などのAI技術は、すでに私たちの身の回りで活用されていますが、「知能」として意識されることはあまりありません。「機械で実現できることは高度な知能ではない」と考えてしまう傾向があるからです。

キーワード AI効果

1 人工知能の定義

　人工知能（英語で Artificial Intelligence、略して **AI**）とは、ごく簡単に言えば、人間の知的な能力（知能）をコンピュータなどの機械（情報処理システム）で実現しようとするものです。しかし一口に「人間の知能」と言っても、その範囲は幅広く、研究者によって様々な解釈があります。こうした事情から、人工知能の定義も専門家によって様々で、ある研究者が人工知能と呼ぶものであっても、別の研究者は人工知能と呼ばないといったケースが考えられます。

> ポイント　人工知能については、**専門家の間でも様々な定義がある。**

2　AI効果

　人工知能によって何か新しいことが実現すると、多くの人はそれを「単なる自動化であって、人工知能ではない」と考えるようになります。このような心理的傾向を**AI効果**といいます。人間には、機械にできることを知能だと認めにくい心理があるのです。こうした心理は、人工知能のイメージをよりあいまいにしてしまいます。

3　人工知能の分類

　人工知能は、入力（センサーなどによって認識した周囲の環境）に対する出力（認識した環境に応じた行動）との関係でとらえた場合、次の4つのレベルに分類できます。

> レベル1：**シンプルな制御プログラム**　　　例：**エアコン、自動炊飯器など**

　センサーで検知したデータ(室温、重量など)に対して、あらかじめ決まった振る舞いをする単純なプログラム。

> レベル2：**古典的な人工知能**　　　例：**お掃除ロボット、医療診断プログラムなど**

　複数の入力を組み合わせて推論と探索を行い、状況に応じた複雑な振る舞いをする。

> レベル3：**機械学習を取り入れた人工知能**　　　例：**検索エンジン、オンラインショッピングのおすすめ機能**

　膨大な量のデータをもとに、様々な入力に対する出力の最適なパターンを学習していく。

> レベル4：**ディープラーニングを取り入れた人工知能**　　　例：**画像認識、音声認識**

　ディープラーニング（深層学習）の手法によって、特徴量（データに含まれる重要な変数）を自動的に学習するもの。

○か×か

従来人間特有と思われていた知能が機械によって実現されると、それは知能ではないと考えてしまう心理をAI効果という。

02 人工知能研究の歴史

人工知能研究の進展には、大きな波が何度かありました。3回目の波は現在も続いています。

▼講師から一言

第1次、第2次AIブームの内容と、それらが収束したきっかけを覚えましょう。第3次AIブームは現在も続いています。

キーワード ダートマス会議、ジョン・マッカーシー、推論と探索、トイ・プロブレム、エキスパートシステム、ビッグデータ、機械学習、特徴量、ディープラーニング

1 ダートマス会議

1956年、アメリカのダートマス大学で、世界初の人工知能研究に関する会議が開かれました。人工知能（Artificial Intelligence）という言葉は、主催者のジョン・マッカーシーがこの会議ではじめて用いたものです。

ポイント 人工知能研究は、**ダートマス会議**ではじめて学術分野として確立した。

2 人工知能ブーム

人工知能研究の進展には、これまでに大きく3回の波がありました。それぞれ、第1次AIブーム、第2次AIブーム、第3次AIブームと呼びます。

▼覚える AIブーム

第1次AIブーム（推論と探索の時代）：1950年代後半〜1960年代

第2次AIブーム（知識の時代）：1980年代

第3次AIブーム（深層学習の時代）：2010年代〜現在

AI関連年表

	1946	ペンシルベニア大学が汎用コンピュータ「ENIAC（エニアック）」を開発
	1950	チューリングテスト提唱
第1次 AIブーム	1956	ダートマス会議 世界初のAIプログラム「Logic Theorist」発表
	1958	パーセプトロン提唱
	1964	MITのジョセフ・ワイゼンバウムが人工対話システム「ELIZA（イライザ）」を開発
	1972	エキスパートシステムMYCIN（マイシン）開発
第2次 AIブーム	1982	日本で第五世代コンピュータプロジェクト開始
	1984	Cyc（サイク）プロジェクト開始
	1986	誤差逆伝播法（バックプロパゲーション）発表
	1997	チェスAI「ディープブルー」がチェスの世界チャンピオンに勝利
	2011	米IBMの「ワトソン」がクイズ番組で勝利
第3次 AIブーム	2012	画像認識コンテストILSVRCでディープラーニング技術を用いたトロント大学の「SuperVision」が勝利
	2016	囲碁AI「AlphaGo」が韓国のプロ棋士に勝利

3　第1次AIブーム（推論と探索の時代）

　1950年代後半から1960年代にかけては、特定の問題を**推論と探索**によって解くプログラムが開発されました。

　しかし、この手法で解くことができるのは、まだゲームや迷路などのような**トイ・プロブレム**（おもちゃの問題）に限られていました。 現実の複雑な問題は扱うことができないことがわかると、第1次AIブームは収束します。
└ 理由をチェック

4　第2次AIブーム（知識の時代）

　1980年代になると、データベースに大量の情報（知識）を蓄積することで、問題に対する解答を得るアプローチがすすみました。この時代に登場した代表的なシステムに**エキスパートシステム**があります。

　また、日本では政府によって**第五世代コンピュータ**と呼ばれる大型プロジェク

○か×か

第1次AIブームが収束したのは、当時の推論と探索による手法がトイ・プロブレムをうまく解けなかったためである。

トが推進されました。

しかし、膨大な情報を入力・管理する手間や、「常識」のような幅広い知識に対応することが難しいことから、ブームは再び下火になります。 └ 理由をチェック

♥覚える 第2次AIブームのキーワード

①エキスパートシステム

エキスパートシステムは、特定の専門分野の知識を取り込んで、その分野のエキスパート（専門家）のように振る舞うシステムです。

代表的なものに、有機化合物を特定する**Dendral**や、感染症の診断を支援する**MYCIN**（マイシン）などがあります。

②Cyc プロジェクト（サイク）

Cycプロジェクトは、専門知識だけでなく人間の一般常識もデータベース化し、人間と同等の推論システム構築を目指すプロジェクトです。1984年にダグラス・レナートによって提唱され、現在も入力作業が続けられています。

③第五世代コンピュータ

通産省（現経済産業省）が1982年に立ち上げた人工知能の開発プロジェクト。学術的な目標は達成されたものの、エキスパートシステムや機械翻訳といった、当初期待された一般市場向けの成果は上がりませんでした。

④意味ネットワーク

第2次AIブームの時代に、蓄積された知識の表現として**意味ネットワーク**が提唱されました。意味ネットワークは、言葉（概念）同士の意味関係をネットワークで定義したものです。

たとえば「トラック」は「自動車」の一種であり、さらに「自動車」は「乗り物」の一種です。意味ネットワークでは、このような関係を**is-a 関係**といいます。また、「自動車」は「タイヤ」「エンジン」「ハンドル」などで構成されています。このような部分と全体の関係を、**part-of 関係**といいます。

　前ページの解答 ×（トイ・プロブレムしか解けなかったため）

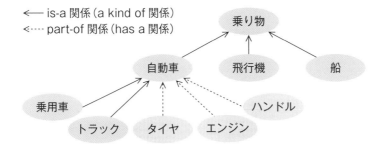

5 第3次AIブーム（深層学習の時代）

2010年代になると、**ビッグデータ**と呼ばれる膨大な量の情報から、パターンやルールを自動的に学習する**機械学習**が実用化されました。さらに、データから**特徴量**（注目すべき特徴を表す変数）を自動的に見つけて学習する**ディープラーニング**（深層学習）の手法により、画像認識や音声認識などに活用されるようになりました。このブームは現在も続いています。

🔻覚える 第3次AIブームのキーワード

①統計的自然言語処理

インターネットの普及により、ネット上には膨大な量のテキストデータが出現し、それを分析するための技術が発展しました。**統計的自然言語処理**は、確率や統計的な手法を使って文章の文法や意味を解析します。統計的自然言語処理は機械学習と結びついて、機械翻訳やAIアシスタントなどに活用されています。

②機械学習

機械学習とは、コンピュータにデータを与えて、課題を解くためのルールやパターンをコンピュータ自身に学習させる手法です（34ページ）。たとえば、コンピュータに大量の動物の画像を与えて、画像に写っている犬や猫の特徴を学習さ

◯か×か

第2次AIブームではエキスパートシステムが登場したが、人間の知識をコンピュータ上に搭載することは容易だった。

せます。学習後に新しい画像を与えると、コンピュータはそれまでの学習結果にもとづいて、写っている動物が犬か猫かを判別します。

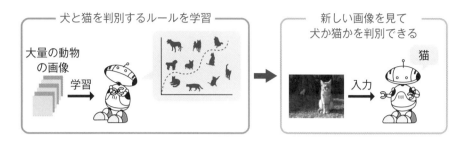

③ディープラーニング

機械学習には様々な手法がありますが、そのうちのひとつにニューラルネットワーク（脳の神経回路網を模した数理モデル）があります。ニューラルネットワークを発展させた手法が**ディープラーニング**（深層学習）です。

ディープラーニングが注目を集めたのは、2012 年の ILSVRC（画像認識の精度を競い合う競技会）がきっかけといわれています。この年の大会で、トロント大学の「SuperVision」が他を寄せつけない圧倒的な成績で優勝しました。この SuperVision で使われていた技術がディープラーニングです。2012 年以降、ILSVRC の優勝チームはすべてディープラーニングを用いています。

6 　よく知られた人工知能

これまでの人工知能の歴史のなかで、とくによく知られた AI プログラムを年代順にまとめておきましょう。

①イライザ（ELIZA）

1964 〜 66 年に開発されたイライザは、入力された相手の発言に対し、特定のパターンにしたがって返答を返す対話プログラムです。相手の発言内容を理解し

　前ページの解答 ×（容易だった→困難だった）

ているわけではなく、パターンにしたがって返答するだけなのですが、あたかも本当の人間と対話しているかのような錯覚におちいる場合もあります。

イライザは現在チャットボット、人口無能などと呼ばれるプログラムの先駆けとなり、コンピュータゲームやスマートフォンの音声対話システムなどに大きな影響を与えました。

②ディープブルー（Deep Blue）

ディープブルーはIBMが開発したチェスAIで、1997年には当時の世界チャンピオンに勝利するほどの性能を発揮しました。

ディープブルーが相手の手を読む手法は、独自の評価関数に基づいて膨大な組合せの盤面を探索するというもので、機械学習の手法はまだ用いられていません。

③ワトソン（Watson）

IBMが開発した**ワトソン**は、自然言語で入力した質問に対し解答を返すプログラム（質問応答システム）です。2011年にアメリカの人気クイズ番組に出場し優勝を果たしました。

④東ロボくん

東大合格を目標として、日本の国立情報学研究所を中心に開発がすすめられている人工知能。2015年の進研模試で偏差値57.8をマークする成績を収めましたが、現在の技術では読解力に大きな問題があることが明らかになっています。

⑤アルファ碁（AlphaGo）

DeepMind社が開発した囲碁プログラム。ディープラーニングの技術を採用し、2016年には韓国のプロ棋士に勝利しました。

○か×か

第3次AIブームで実用化されたディープラーニングは、機械学習の手法のひとつである。

03 人工知能分野の問題

頻出度

人工知能研究の進展とともに、いくつかの問題や議論が生じました。代表的な問題を紹介します。

▼ 講師から一言

モラベックのパラドクス、フレーム問題、シンボルグラウンディング問題はよく出題されます。

キーワード チューリングテスト、ローブナーコンテスト、トイ・プロブレム、モラベックのパラドクス、強いAI、弱いAI、フレーム問題、シンボルグラウンディング問題、知識獲得のボトルネック、特徴量、特徴表現学習、AIのブラックボックス化、シンギュラリティ、AAAI、IJCAI、NeurIPS、ICML、CVPR

1 チューリングテスト

「どのような状態になれば、機械が知能を獲得したと言えるのか。」この問題に対し、アラン・チューリングが考案したテストが**チューリングテスト**です。

チューリングテストでは、審査員が人間とコンピュータにそれぞれ質問をします。回答する側は審査員からは見えないようにして、やりとりは文字を介して行います。審査員が両者の回答から人間とコンピュータを判別できなければ、「そのコンピュータは知能をもった」とみなします。

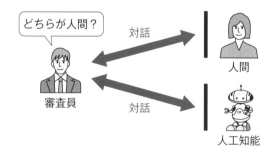

チューリングテストによって人間に近い対話プログラムを競うコンテストに、**ローブナーコンテスト**があります。

2 トイ・プロブレム

現実の複雑な問題ではなく、迷路やパズルといった、非常に限定された状況の問題を**トイ・プロブレム**といいます。迷路やパズルを解く能力がいくら優秀でも、現実世界ではあまり役に立ちません。第1次AIブーム（19ページ）が収束したのは、当時の推論と探索によるアプローチでは、トイ・プロブレムを超える課題に対応できなかったためです。

3 モラベックのパラドクス

人工知能研究の進展につれ、コンピュータにとっては「知能テストやパズルを解くよりも、1歳児レベルの知恵と運動のスキルを与えるほうがはるかに難しい」ということがわかってきました。この問題を**モラベックのパラドクス**といいます。

ハンス・モラベックによれば、人間の基本的な感覚や運動のスキルは、人類が長い進化の過程で獲得したスキルであるため、人間にとっては簡単でも、それを工学的に再現するのは容易ではありません。一方、数学、論理、ゲームといった抽象的な思考は、文明の発達によってごく最近生まれたものであるため、コンピュータには簡単に解けても、人間には難しく感じます。

この結果コンピュータにとっては、人間が難しいと感じる抽象的な問題は簡単で、人間が当たり前と感じるスキルのほうが難しいという逆転が生じることになります。

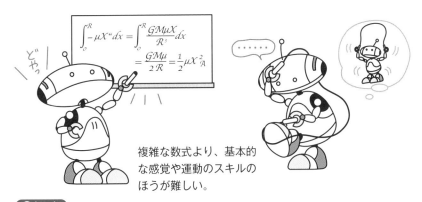

複雑な数式より、基本的な感覚や運動のスキルのほうが難しい。

○か×か

コンピュータにとっては、知能テストやゲームをプレイするスキルより、1歳児レベルの知恵や運動のスキルを学習するほうがはるかに容易である。

第1章 人工知能（AI）とは

4 強いAIと弱いAI

「強いAI」と「弱いAI」は、哲学者ジョン・サールが提唱した人工知能をめぐる考え方です。

強いAI	人間と同じような知能あるいは意識をもつ AI
弱いAI	知能や意識をもたない、道具としての AI

この分類にしたがうと、画像認識や音声認識、迷惑メール判別プログラムなど、現在実用化されているAIはすべて「弱いAI」に分類されると言えます。将来、「強いAI」が実現可能かどうかについては、専門家の間でも議論が分かれています。

5 フレーム問題

フレーム問題とは、「現実世界で何らかの課題が与えられたとき、課題と関係ある事柄の範囲をどのように決めればよいか」という問題です。

たとえば「スーパーでリンゴを買う」という課題を実行する場合、実際にスーパーに行ってリンゴを買うまでには、無数の出来事が起こる可能性があります。すべて考慮することは不可能なので、課題に関係する事柄の範囲（フレーム）を決めなければなりませんが、無数にある出来事について、それらが課題に関係するかどうか判断するにも、無限の時間がかかってしまいます。

現在の AI は、課題を現実世界のごく一部に限定することでフレーム問題を回避しています。

現実世界では、課題を解くために考慮すべき範囲があいまいだ。

前ページの解答　✕（容易である→難しい）

6 シンボルグラウンディング問題

シンボルグラウンディング問題（記号接地問題）は、認知科学者のスティーブン・ハルナッドが提起した問題です。

たとえば「シマウマ」という日本語を知らないアメリカ人に、「シマウマとは縞模様のある馬のことです」と説明したとします。現実世界でシマウマ（英語でzebra）を見たことがあれば、すぐに「ああ、zebraのことですね」と理解できるでしょう。このように、人間は記号（「シマウマ」という単語）とその意味するもの（現実世界のシマウマ）を結びつけることができます。

しかしコンピュータの場合、「シマウマ＝縞模様のある馬」という説明は、あくまでも言葉同士の結び付きでしかありません。「シマウマ」という記号（言葉）を、現実世界のシマウマの概念とどう結びつけるかという問題が、シンボルグラウンディング問題です。

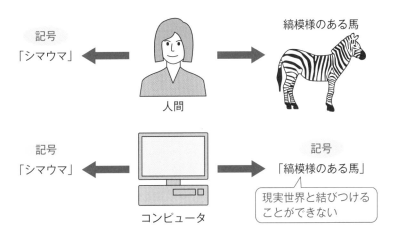

7 知識獲得のボトルネック

第2次AIブームでは、人間のもつ知識をコンピュータに搭載する試みがなされましたが、人間のもつ知識量は意外にも膨大であることから搭載は困難である

○か×か

コンピュータが記号同士の意味関係を理解できたとしても、それらを現実の概念と結び付けるのは非常に難しいという問題をフレーム問題という。

解答は次ページ　　27

ことがわかりました。人間の一般常識をデータベース化しようとする Cyc プロジェクト（20 ページ）は、1984 年の開始以来 35 年以上が経過しても完了せず、「現代版バベルの塔」とも呼ばれています。

このような、知識をコンピュータに搭載することの難しさを、**知識獲得のボトルネック**といいます。

8　AI のブラックボックス化

機械学習では、読み込んだデータからルールやパターンを学習します。このとき、データのある部分に注目して、その特徴を量的に表したものを**特徴量**といいます。

従来の機械学習の手法では、データのどの部分を特徴量として設定するかについては、人間が選択していました。特徴量の選択は結果に大いに影響するため、熟練した技術が必要です。

そこで、特徴量の選択もコンピュータ自身に任せてしまおうというアプローチが生まれました。このアプローチを**特徴表現学習**といいます。ディープラーニング（深層学習）は、特徴表現学習を行う機械学習の手法です。

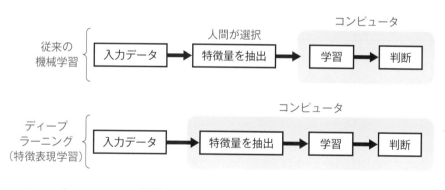

ディープラーニングは特徴表現学習によって、人間には見分けがつきにくい微細な特徴を発見できるようになり、精度の高い学習が可能になりました。その反面、特徴表現学習では「AI がなぜそのように判断したか」が人間にわかりにくいという問題が生じやすくなります。この問題を **AI のブラックボックス化**といいます。

AI が社会に浸透するにつれ、判断の根拠を説明できる**説明可能な AI**（XAI：Explainable AI）の重要性が高まっています（186 ページ）。

　前ページの解答　✕（フレーム問題→シンボルグラウンディング問題）

9　シンギュラリティ

　もし、人工知能が自らを改良できるようになれば、改良の繰り返しによって理論的には無限に賢い人工知能が誕生します。その結果、技術開発速度が爆発的に加速する時点を**シンギュラリティ**（特異点）といいます。発明家で未来学者のレイ・カーツワイルは、シンギュラリティの到来を2045年頃と予想しています。

　なお、シンギュラリティは「人工知能が人類の知能を上回る日」という意味で使われる場合もあります。カーツワイルは、その意味でのシンギュラリティを2029年頃と予想しています。

10　人工知能に関する国際会議

　人工知能に関する問題や最新の研究開発については、定期的に開催される国際的な学術会議で発表・議論されています。主要な国際会議には以下のものがあります。

▼覚える　AI関連の主要国際会議

AAAI (Association for Advancement of AI)	1979年にアメリカで設立された人工知能に関する国際的な学術団体
IJCAI (International Joint Conference on AI)	AAAIが主催する人工知能分野でトップの学術会議
NeurIPS (Conference and Workshop on Neural Information Processing Systems)	ニューラルネットワークに関するトップレベルの国際会議
ICML (International Conference on Machine Learning)	機械学習分野のトップレベルの国際会議
CVPR (Computer Vision and Pattern Recognition)	画像認識技術に関する国際的な学術会議

○か×か

ディープラーニングでは、特徴表現学習によって、AIの判断根拠が明確になった。

確認問題

次の文章の▢▢▢▢内に入る適切な語句を答えなさい。

解　答

❶ 人工知能で新しいことが実現したとき、「それは単なる自動化であって、人工知能によるものではない」と考えてしまう心理を▢▢▢▢という。

❶ AI効果（17ページ）

❷ ジョン・マッカーシーは、1956年の▢▢▢▢で、人工知能という言葉をはじめて用いた。

❷ ダートマス会議（18ページ）

❸ 第1次AIブームでは推論と探索による手法が研究されたが、迷路やパズルのような▢▢▢▢しか解けなかったためブームは収束した。

❸ トイ・プロブレム（19, 25ページ）

❹ 第2次AIブームは知識の時代であり、専門分野の知識を取り込んで、その分野の専門家のように振る舞う▢▢▢▢が実用化された。

❹ エキスパートシステム（19, 20ページ）

❺ 1984年にダグラス・レナートによって提唱された▢▢▢▢は、人間の一般常識をデータベース化するプロジェクトで、「現代版バベルの塔」とも呼ばれる。

❺ Cycプロジェクト（20, 28ページ）

❻ 第2次AIブームの時代に提唱された、言葉（概念）同士の意味関係をネットワークで定義したものを▢▢▢▢という。

❻ 意味ネットワーク（20ページ）

❼ 確率や統計的手法を使って文章の文法や意味を解析する▢▢▢▢は、インターネットの発展とともに分析の対象となるデータ量が増えることで大きく活用が進んだ。

❼ 統計的自然言語処理（21ページ）

❽ 第3次AIブームで実用化が進んだ▢▢▢▢は、コンピュータにデータを与えて、課題を解くためのルールやパターンをコンピュータ自身に学習させる手法である。

❽ 機械学習（21ページ）

前ページの解答　✕（明確になった→わかりにくくなった）

❾機械学習の手法のひとつであるニューラルネットワークを発展させ、データから学習する特徴量もコンピュータが自動的に選択できるようにした手法を￣￣￣という。

❿IBMが開発した￣￣￣は、独自の評価関数に基づいて盤面を探索をするチェスAIで、1997年には当時の世界チャンピオンに勝利するほどの性能を発揮した。

⓫1964〜66年にジョセフ・ワイゼンバウムが開発した￣￣￣は、入力された相手の発言に対して特定のパターンにしたがって返答を返す対話プログラムで、現在のチャットボットの原型となった。

⓬IBMが開発した質問応答システムの￣￣￣は、2011年にアメリカの人気クイズ番組に出場して優勝を果たした。

⓭東大合格を目標に開発がすすめられている￣￣￣は、2015年の進研模試で偏差値57.8をマークする成績を収めた。

⓮DeepMind社が開発した囲碁プログラムの￣￣￣は、ディープラーニングの技術を採用し、2016年には韓国のプロ棋士に勝利した。

⓯審査員が人間とコンピュータそれぞれと対話を行い、対話相手が人間かコンピュータかを判別するテストを￣￣￣という。判別できない場合、そのコンピュータは知能をもったとみなす。

⓰コンピュータにとっては、知能テストやパズルを解くより、人間の1歳児レベルの知恵や運動スキルを実現するほうがはるかに難しいという問題を￣￣￣という。

⓱哲学者ジョン・サールが提唱した区分によれば、人間と同じような知能あるいは意識をもつAIを￣￣￣、知能や意識をもたない単なる道具としてのAIを￣￣￣という。

❶⓼ 現実世界で何らかの課題が与えられたとき、課題と関係ある事柄の範囲をどのように決めればよいかという人工知能分野の難問を□□□□という。

❶⓽ コンピュータによって言葉同士の意味関係を定義できたとしても、それを現実世界の概念といかに結び付けらるかという問題を□□□□という。

❷⓿ 第2次AIブームでは、人間の知識をコンピュータに搭載したエキスパートシステムが開発されたが、人間の知識をコンピュータに搭載することが困難であることが明らかになった。この困難さを□□□□という。

❷① ディープラーニングでは、学習データから抽出する特徴量の選択もコンピュータ自身が行う□□□□が採用されている。

❷② ディープラーニングでは「AIがなぜそのように判断したか」という根拠がわかりにくいという問題が生じやすい。この問題をAIの□□□□という。

❷③ 人工知能が自らを改良し続けることで人間の知能を凌駕し、技術開発速度が爆発的に加速する時点を□□□□という。

❷④ 1979年アメリカで設立された人工知能に関する国際的な学術団体を□□□□という。

❷⑤ AAAIが主催する人工知能分野でトップの学術会議を□□□□という。

❷⑥ ニューラルネットワークに関するトップレベルの国際会議を□□□□という。

❷⑦ 機械学習に関するトップレベルの国際会議を□□□□という。

第 2 章

機械学習の
具体的手法

機械学習とは

機械学習には、教師あり学習、教師なし学習、強化学習の3種類があります。

▼講師から一言

教師あり学習、教師なし学習、強化学習のそれぞれの特徴を理解しましょう。

キーワード 教師あり学習、教師なし学習、強化学習、クラスタリング、次元削減

1 機械学習の代表的な手法

機械学習とは、コンピュータにデータを与えて、課題を解くためのルールやパターンをコンピュータ自身に学習させる手法です。大きく分けて、次の3つの代表的な手法があります。

> 教師あり学習
> 教師なし学習
> 強化学習

◀ 覚える 機械学習の分類

これらの手法は、どれがより優れているというものではなく、与えられた課題（タスク）に応じて使い分けます。それぞれの特徴について理解しましょう。

2 教師あり学習

教師あり学習は、あらかじめ正解が与えられたデータをもとに、ルールやパターンをコンピュータに自動で学習させる手法です。

分類問題 たとえば、「迷惑メールを自動で判別する」という課題では、用意したメールの1通1通に、「これは迷惑メール」「これは迷惑メールではない」とい

う「正解」を付しておきます。このようなデータを**教師データ**といいます。

　コンピュータは教師データを学習して、迷惑メールかどうかを判別するルールを自分で構築します。学習後、コンピュータに未知のメールを与えると、コンピュータはそのメールが迷惑メールかどうかをルールにもとづいて判定します。

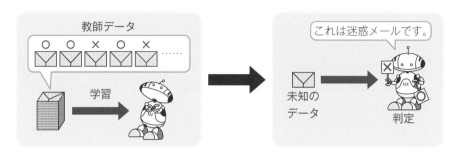

　一般に、データを複数のカテゴリに分ける**分類問題**には、教師あり学習を使います。たとえば、動物の写真から動物の種類を判別したり、パンの形を読み取ってパンの種類（アンパン、クリームパン、メロンパンなど）を判別するといった課題には、教師あり学習が適しています。

【回帰問題】　たとえば、アイスクリームの売上はその日の気温に大きく左右されると考えられます。そこで、過去何年分かの気温と売上データの関係を読み込み、次のような散布図を作成します。

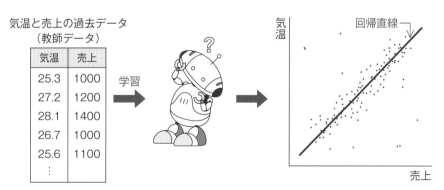

気温と売上の過去データ（教師データ）

気温	売上
25.3	1000
27.2	1200
28.1	1400
26.7	1000
25.6	1100
⋮	

◯か×か

教師あり学習は、データを2値に分類する課題に適しているが、複数クラス（カテゴリ）に分類する課題には適していない。

解答は次ページ　　35

前ページの図では、点が集まる傾向を1本の直線で表しています。このような直線を**回帰直線**といいます。回帰直線の式は、任意の気温における売上の予測値を表す関数と考えることができます。このように、過去のデータから売上などを予測するモデルをつくるのも、教師あり学習の一種です。

ポイント 教師あり学習は、**分類問題**と**回帰問題**に使う。

一般に、分類問題の出力はカテゴリ（不連続値）、回帰問題の出力は連続値になります。

3 教師なし学習

教師なし学習は、正解が付されていないデータをコンピュータに与えて学習させる手法です。

クラスタリング 教師なし学習は、大量のデータをグループ分けするときによく使われます。それぞれのグループを**クラスタ**（「群れ」という意味）といい、データをクラスタに分けることを**クラスタリング**といいます。

たとえば、顧客を購入履歴にもとづいてグループ分けしたり、アンケート結果から、嗜好が似た人同士をグループ分けしたりする場合などには、クラスタリングの手法が有効です。

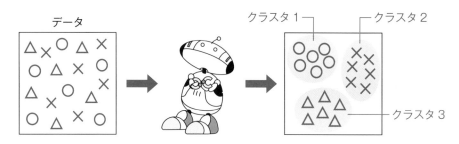

次元削減 多数の次元をもつデータを要約して、より少ない次元のデータで表すことを**次元削減**（次元圧縮ともいう）といいます。たとえば「暑さ」の度合いを

前ページの解答 ×（教師あり学習は2値分類、多クラス分類ともに可能）

数値化するには、気温のほかに湿度や日射量を考慮する必要があります。気温、湿度、日射量の3次元のデータを統合して、暑さという1次元のデータで表すのは次元削減の例といえます。

 ポイント 教師なし学習には、**クラスタリング**と**次元削減**がある。

4 強化学習

強化学習とは、ある状況における最適な行動パターンを、試行錯誤によって学習する手法です。

たとえば、コンピュータのレーシングゲームを考えてみましょう。コンピュータ自身が何度も同じコースをプレーして、より短時間にゴールできる操作を学習するのは、強化学習の例といえます。

▼覚える 機械学習の手法のまとめ

手法	機能	例
教師あり学習	データを分類する（**分類問題**）	迷惑メールを判別する
	値を予測する（**回帰問題**）	売上を予測する
教師なし学習	入力データを分割する（**クラスタリング**）	顧客をグループ化する
	入力データを要約する（**次元削減**）	気温、湿度、日射量の3次元データを暑さというデータに1次元化する
強化学習	行動パターンを覚える	囲碁・将棋を指す

○か×か

人型ロボットの歩行距離がなるべく長くなるような制御方法を学習する課題には、教師なし学習が適している。

02 教師あり学習

頻出度

教師あり学習の代表的な手法について、それぞれの概要を説明します。

▼ 講師から一言

機械学習には、ディープラーニング以外にも様々な手法があり、現在でもよく使われています。それぞれの特徴を理解しましょう。

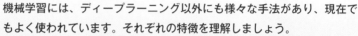

キーワード 線形回帰、説明変数、目的関数、最小二乗法、ポアソン回帰、ロジスティック回帰、シグモイド関数、ソフトマックス関数、サポートベクトルマシン、スラック変数、カーネル法、カーネルトリック、決定木、ランダムフォレスト、アンサンブル学習、バギング、ブースティング、自己回帰モデル、状態空間モデル

1 教師あり学習の代表的な手法

教師あり学習の代表的な手法を覚えましょう。

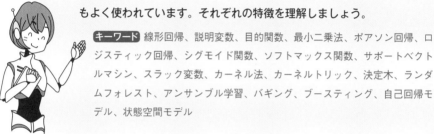

🔽覚える 教師あり学習の代表的な手法

> 線形回帰
> ロジスティック回帰
> サポートベクトルマシン (SVM)
> ランダムフォレスト
> ブースティング
> 時系列分析
> ニューラルネットワーク
> ディープラーニング

ニューラルネットワークとディープラーニングについては、第4章で説明します。

前ページの解答 × (教師なし学習→強化学習)

2 線形回帰

線形回帰とは、原因となる1つ以上の変数から、結果となる変数を予測する手法です。原因となる変数を**説明変数**、結果となる変数を**目的変数**といいます。たとえば、気温によってアイスクリームの売上が変動する場合は、気温が説明変数、売上が目的変数です。

線形回帰では、説明変数と目的変数との関係を、次のような**1次式**で表します。

$$y = w_0 + w_1 x_1 + w_2 x_2 + w_3 x_3 + \cdots$$

y が目的変数、x_1、x_2、x_3、…が説明変数です。また、w_0、w_1、w_2、…を**重み**といいます。説明変数が1つだけの場合、この数式は

$$y = w_0 + w_1 x$$

となり、次のような2次元のグラフ上の直線で表せます。

気温（℃）	売上（万円）
25.3	43.1
27.5	46.9
24	38.7
28.9	47.8
29.6	49.2
29.8	48
31.1	52.1
33	53.3
32.8	50.8
34.1	49.5

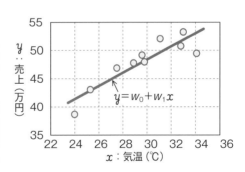

説明変数が1つだけの場合を**単回帰分析**、説明変数が複数ある場合を**重回帰分析**といいます。

<hr>

〇か×か

線形回帰は、目的変数から説明変数の値を一次式で予測するモデルである。

最小二乗法 数式によって計算される予測値と、実際のデータとの間には差異が出るので、この差異がなるべく小さくなるように、重みの値を求めます。この手法を**最小二乗法**といいます。

　最小二乗法は、各実測値と予測値との差の2乗を求め、その合計が最小になるように重みを決定する方法です。たとえば上の例は、最小二乗法によって、次のように重みが求められます。

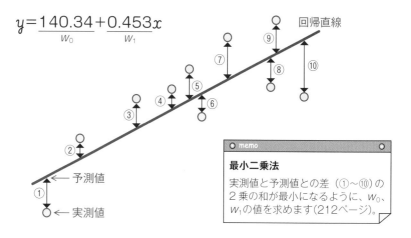

$$y = \underset{w_0}{140.34} + \underset{w_1}{0.453}x$$

回帰直線

← 予測値

← 実測値

> **memo**
> **最小二乗法**
> 実測値と予測値との差（①～⑩）の2乗の和が最小になるように、w_0、w_1の値を求めます（212ページ）。

3　ロジスティック回帰

　ロジスティック回帰は、1つ以上の説明変数から、ある事象が発生する確率を求める手法です。確率は0以上1以下の値なので、出力結果が0以上1以下になるよう調整しなければなりません。そのために、**シグモイド関数**という関数を使います。

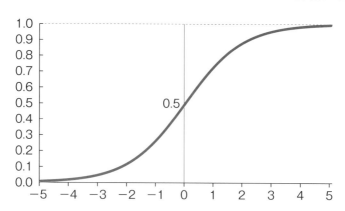

　前ページの解答　×（説明変数から目的変数の値を予測する）

①シグモイド関数

シグモイド関数は、前ページのグラフのように、任意の値を 0 以上 1 以下の値に変換する関数です。陽性／陰性を判定するような **2 値分類**では、シグモイド関数の出力値がそのまま「陽性である確率」となります。たとえば、血圧、体重、血糖値などの複数のパラメータから、再検査が「必要」か「不要」かを判断する場合などには、シグモイド関数を用いたロジスティック回帰が適しています。

②ソフトマックス関数

ロジスティック回帰の結果を、2 値ではなく優・良・可、S・M・L といった多クラスに分類したい場合には、**ソフトマックス関数**を使います。

ソフトマックス関数は、複数の出力値を、合計が 1 になるように調整する関数です。たとえば、複数のパラメータから花の品種をロジスティック回帰によって推測する場合は、品種 A である確率 0.67、品種 B である確率 0.28、品種 C である確率 0.05 のように、各品種ごとの確率をソフトマックス関数で求めます。この場合は、品種 A である確率がもっとも高いと推定できます。

 2 値分類には**シグモイド関数**、多クラス分類には**ソフトマックス関数**を用いる。

4 サポートベクトルマシン (SVM)

サポートベクトルマシン (SVM) は、ディープラーニングが主流になる以前に広く使われていた手法の 1 つです。

SVM では、データ群の中に境界線を引いてデータを分類します。境界線は、各データ点から境界線までの距離が最大となるようにします。これを**マージン最大化**といいます。

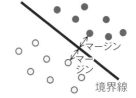

◯か×か

ロジスティック回帰において 2 値分類を行う際はシグモイド関数、多クラス分類を行う際はソフトマックス関数を用いる。

①ハードマージンとソフトマージン

　下の図のように、2次元のデータ群を1本の直線で2つに分離する場合を考えます。マージンの内側に1つもデータが入らない場合を**ハードマージン**といいます。これに対し、一部のデータがマージンの内側に入ることを許容する場合を**ソフトマージン**といいます。

　ソフトマージンは、本来直線では分けられないデータ群を、誤分類をあえて許容することで直線で分離します。誤分類をどの程度許容するか調整する変数を、**スラック変数**といいます。

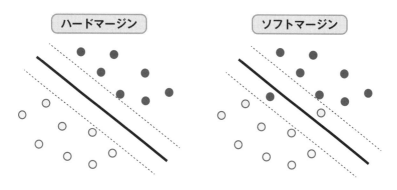

②カーネル法

　カーネル法は、そのままでは分離することが難しいデータを、次元を拡張して分離可能にする手法です。たとえば、左図のように直線では分離できない2次元のデータを、3次元に拡張することで分離可能にします。

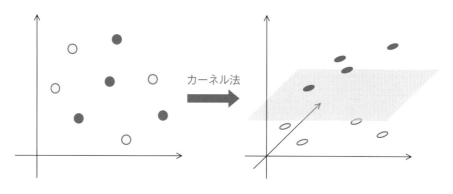

次元を拡張する関数を**カーネル関数**といいます。高次元のデータでは大量の計算が必要になるため、計算を簡単にする**カーネルトリック**というテクニックが用いられます。

5 決定木

複数の条件にもとづく判断を、ツリー状に枝分かれする分岐路によって決定する手法を**決定木**といいます。

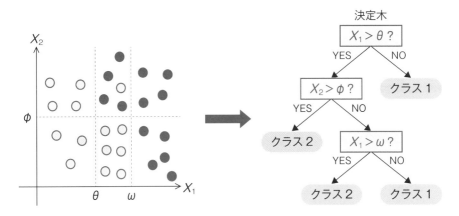

機械学習では、決定木を構成する分岐条件を求めます。このとき、データの不純度がなるべく少なくなるようにデータを分割していきます。この考え方を**情報利得の最大化**といいます。

情報利得大

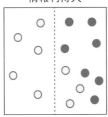

情報利得小

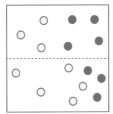

〇か×か

決定木を分類問題に用いる場合は、マージンを最大化することを基準に分類する。

6 ランダムフォレスト

決定木は、単独では<u>過学習</u>（結果が訓練データに特化してしまうこと）を起こしやすいという欠点があります。そこで考案されたのが**ランダムフォレスト**です。

└─ 過学習については 65，76 ページでくわしく説明します。

ランダムフォレストでは、元データからランダムにデータを抽出して複数の決定木をつくります（木がたくさんできるので森＝フォレストになる）。そして、複数の決定木の**多数決**によって分類結果を決定します。

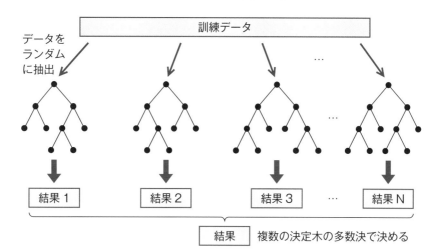

特徴量重要度の算出 ランダムフォレストでは、学習データ中の個々の特徴量にもとづく決定木の精度を測定することで、**特徴量ごとの重要度**を算出できます。この機能は、学習データのどの特徴量に注目すればよいかを調べるといったデータ分析にも利用されています。

 ランダムフォレストでは、**特徴量ごとの重要度**を評価できる。

7 ブースティング

ランダムフォレストのように、精度の低い学習器（弱学習器）を複数組み合わ

前ページの解答 ×（マージン→情報利得）

せて精度の高い学習器をつくることを**アンサンブル学習**といいます。とくにランダムフォレストのように、元データからサンプルを復元抽出し、弱学習器で並列に処理する手法を**バギング**といいます。

アンサンブル学習

バギング

ランダムフォレスト

ブースティング
AdaBoost
勾配ブースティング
XGBoost

└ 一度抽出したデータを元に戻してから次の抽出を行うこと。

アンサンブル学習には、バギングのほかに**ブースティング**という手法があります。

ブースティングも、元データからサンプルを抽出して用いることはバギングと同様です。ただし、複数の弱学習器を並列に実行せず、1つずつ順番に実行します。 それぞれの弱学習器は、前回の弱学習器で誤分類してしまったデータを優先的に分類できるように学習します。

一般に、ブースティングのほうがバギングより精度が高い結果が得られますが、並列処理ができないため、学習にかかる時間は大きくなります。

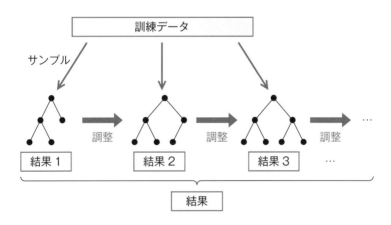

ブースティングでも、個々の弱学習器には決定木が使われており、特徴量の重要度評価にも利用できます。代表的な手法に AdaBoost、勾配ブースティング、XGBoost などがあります。

> **〇か×か**
>
> ブースティングは、複数のモデルをそれぞれ並列に学習させ、各モデルの出力を平均もしくは多数決することで決める手法である。

解答は次ページ　**45**

8 時系列分析

　株価や気温のように、時間軸に沿って変化するデータを**時系列データ**といいます。時系列分析は、時系列データの変化のパターンを記述したり、モデリングや予測を行う手法です。

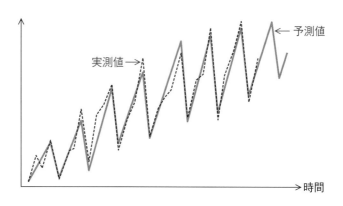

　時系列分析の代表的な手法として、次のものがあります。

①自己回帰モデル

　線形回帰（39 ページ）では、説明変数 x と目的変数 y の関係を「$y = w_0 + w_1 x$」のような 1 次式で表しました。自己回帰モデルは、説明変数として「自分自身の過去データ」を使用するものです。

AR モデル	現時点のデータを、過去データを説明変数に用いた 1 次式（$y_t = c + \phi_1 y_{t-1} + \phi_2 y_{t-2} + \cdots$）で表すモデル。
MA モデル	現時点のデータを、過去データの移動平均を用いて表すモデル。
ARMA モデル	AR モデルと MA モデルを組み合わせたモデル。
ARIMA モデル	時系列データの差分に対してARMAモデルを適用するモデル。

　前ページの解答　×（ブースティング→バギング）

ARIMA モデルは、値が徐々に増加（または減少）していくようなトレンドのある時系列データ（非定常データ）をモデル化する際に利用します。

②状態空間モデル

状態空間モデルは、直接目に見えない「状態」を仮定し、その状態の変化を表す**状態方程式**と、状態から得られる観測値を表す**観測方程式**によって時系列データをモデル化する手法です。

> 状態＝前時刻の状態を用いた予測値＋状態誤差
> 観測値＝状態＋観測誤差

ARMA モデルや ARIMA モデルを、状態空間モデルとして表すことも可能です。ただし、状態空間モデルのほうが必ず予測精度が高いとは限りません。

パラメータ（方程式の係数）の推定には、**カルマンフィルタ**や **MCMC**（マルコフ連鎖モンテカルロ法）などのアルゴリズムが用いられます。カルマンフィルタは、過去の状態の推定値と、誤差を含む現在の観測値をもとに、現在の状態を推定する手法で、カーナビゲーションシステムでも位置情報の推定などに用いられています。

ディープラーニングを使った時系列分析のモデルとしては、第5章で説明するリカレントニューラルネットワークがあります（124ページ）。

○か×か
株価予測に用いるモデルとして、状態空間モデルは適切ではない。

03 教師なし学習

頻出度

教師なし学習の代表的な手法について、それぞれの概要を説明します。

▼ 講師から一言

教師なし学習では、クラスタリングと次元削減それぞれの代表的な手法について出題されます。

キーワード k-平均法（k-means法）、主成分分析、t-SNE法

1 教師なし学習の代表的な手法

教師なし学習の目的は、データを分割したり（クラスタリング）、要約（次元削減）したりすることです。代表的な手法を理解しましょう。

▽覚える 教師なし学習の代表的な手法

k-平均法（k-means法）
主成分分析（PCA）
t-SNE法

k-平均法はクラスタリング、主成分分析とt-SNE法は次元削減に用いる手法です。

2 k-平均法（k-means法）

k-平均法は、入力データをいくつかのまとまりに分割するクラスタリングの代表的な手法です。

k-平均法では、クラスタの数をあらかじめ設定します。次に各クラスタの重心を決め、各データをいちばん距離が近い重心に紐付けます。この作業を繰り返して、データを分割していきます。

前ページの解答 ×（時系列分析の手法である状態空間モデルは株価予測に用いることができる。）

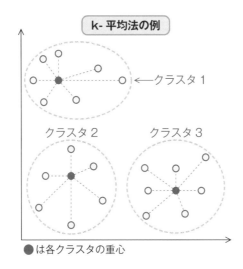

k-平均法の例

←クラスタ1

クラスタ2　　　クラスタ3

●は各クラスタの重心

3　主成分分析（PCA）

主成分分析（PCA：Principal Component Analysis）は、統計解析の手法のひとつで、多数の変数の中から相関関係にある変数同士をまとめ、より少ない数の変数に要約する手法です。このようなデータの要約を、**次元削減**（次元圧縮）といいます。

たとえば、右図のような散布図で表される2変数（2次元）のデータを考えます。点Aと点Bのどちらが大きいのか、このままでは比較ができません。

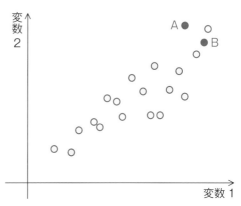

変数2

A ●　○

● B

変数1

そこで、散布図上に次ページの図のように直線を引き、この直線が水平になるように図を回転します。すると、この直線を物差しとして各データが比較できるようになります。

○か×か

k-平均法は、次元圧縮や高次元データの可視化を目的とした教師なし学習の手法である。

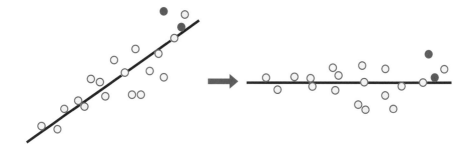

　水平方向の軸を第1主成分軸、垂直方向の軸を第2主成分軸といいます。第2主成分軸のばらつきをなくして、データを第1主成分軸上に集めれば、データは1変数（1次元）のデータになります。

　主成分分析では、このようにして相関関係のある変数同士をまとめていき、最終的には互いに相関のない少数の変数に圧縮します。

4　t-SNE法

　t-SNE法は、変数の多い高次元データを、**t分布**という確率分布を使って2次元や3次元に次元削減する手法です。t-SNEという名称は、

　　t：t分布
　　S：確率的（Stochastic）
　　N：隣接（Neighbor）
　　E：埋め込み（Embedding）

の頭文字です。

　前ページの解答　×（k-平均法はクラスタリングの手法）

04 強化学習

強化学習は、コンピュータが最適な行動をとるように学習していく機械学習の手法です。

頻出度

▼講師から一言

強化学習の基本的な考え方と、代表的な手法を理解しましょう。

キーワード エージェント、状態、行動、方策、報酬、エピソード、探索と活用のジレンマ、行動価値関数、状態価値関数、ベルマン方程式、価値ベース、価値反復法、方策反復法、方策勾配法、Q学習、TD学習、モンテカルロ法、actor-critic法、深層強化学習

1 強化学習の基本概念

強化学習とは、コンピュータが試行錯誤によって最適な行動を学習するための仕組みです。将棋やチェス、囲碁などでは、人間より強いコンピュータがすでに開発されていますが、強化学習はこのようなコンピュータの訓練に使われています。

強化学習で、与えられた環境で行動を学習する主体（ロボットやプログラム）を**エージェント**といいます。強化学習の目的は、与えられた環境下で、最大の報酬が得られる行動をエージェントに学習させることです。

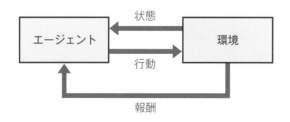

○か×か

t-SNE法の先頭文字 "t" は、転置（transposed）の頭文字を表す。

<table>
<tr><td colspan="3">▼覚える 強化学習の基本概念</td></tr>
<tr><th>用語</th><th>説明</th><th>例</th></tr>
<tr><td>状態</td><td>エージェントの状態</td><td>迷路の中の位置</td></tr>
<tr><td>行動</td><td>エージェントの動作</td><td>隣接するマスへの移動</td></tr>
<tr><td>方策</td><td>エージェントの行動基準</td><td>上下左右のマスにそれぞれどのくらいの確率で移動するか</td></tr>
<tr><td>報酬</td><td>行動の結果に対する評価</td><td>ゴールすると10点、ゴールに近づくと1点など</td></tr>
<tr><td>エピソード</td><td>ゴール、またはゲームオーバーになるまでの1回分の試行</td><td></td></tr>
</table>

　エージェントが、**方策**にもとづいて何らかの**行動**をとると、それに応じて**状態**が変化し、**報酬**が与えられます。ただし、目先の報酬ばかりを優先するとゴールにたどり着けない場合もあるので、将来もらえる報酬も考慮する必要があります。

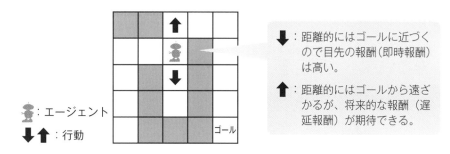

　↓：距離的にはゴールに近づくので目先の報酬（即時報酬）は高い。

　↑：距離的にはゴールから遠ざかるが、将来的な報酬（遅延報酬）が期待できる。

：エージェント

↓↑：行動

　最終的な報酬を最大化するために、あえて報酬の低い道を探索するべきか、目先の報酬の高さを優先すべきかのジレンマを、**探索と活用のジレンマ**といいます。

2　価値関数

　ある時点を起点として、将来的に見込める報酬の総和を**報酬和**（収益）といいます。時刻 t でもらえる報酬を R_t とすると、報酬和 G_t は次のように求められます。

　前ページの解答　×（「t分布」の頭文字を表す）

$$G_t = R_{t+1} + R_{t+2} + R_{t+3} + \cdots$$

ただし、報酬は未来になるほどもらえるかどうか不確かになるので、その分を割り引いて考えます。**割引率**（0〜1の実数）を γ とすると、上の式は次のようになります。

$$G_t = R_{t+1} + \gamma R_{t+2} + \gamma^2 R_{t+3} + \cdots$$

さらに上の式は、次のような再帰的な式に変形できます。

$$G_t = R_{t+1} + \gamma G_{t+1}$$

単純な例で、エージェントがゴールに到着したら報酬 1、その他の場合は報酬 0 としましょう。割引率 $\gamma = 0.9$ とします。

S0 スタート	S1	S2
S3	S4	S5
S6	S7	S8 ゴール

ゴールすると
報酬 1 を得る

エージェントが位置 S5 にいるとき、下にすすむとゴール S8 に到着して報酬 1 を得ます。この場合の報酬和は

$$G_t = R_{t+1} = 1$$

◯か×か

強化学習において、与えられた環境下で学習する主体をオブジェクトという。

と書けます。この値を、状態 S5 において「下にすすむ」という行動を選択したときの**価値**（行動価値）といい、次のような関数 Q で表します。この関数を**行動価値関数**といいます。

$$Q(s='S5', a=' 下 ') = 1$$

価値には行動価値のほかに、**状態価値**と呼ばれるものもあります。**状態価値関数** $V(s)$ は、状態 s においてある方策にしたがって行動したとき、将来的に見込める報酬和を返します。たとえば、エージェントが位置 S5 にいる場合、次に下にすすむと報酬 1 を得られるので、

$$V(s='S5')＝1$$

と書けます。また、エージェントが位置 S2 にいる場合、次に下にすすむと位置 S5 に遷移するので、

$$V(s='S2')=R_{t+1}+\gamma V(s='S5')=0+0.9\times 1=0.9$$

となります。この例では、各状態の状態価値は次のようになります。

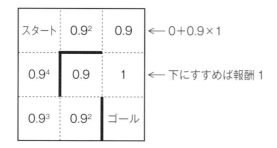

行動価値関数 : $Q(s, a)$	状態 s において、行動 a をとった場合に将来的に見込める報酬和を返す。
状態価値関数 : $V(s)$	状態 s において将来的に見込める報酬和を返す。

3 ベルマン方程式

エージェントがとる行動は、実際には 1 手先、2 手先……と先読みするにつれ枝分かれしていきます。そのため状態価値も、枝分かれしたルートごとの報酬和

前ページの解答 × （オブジェクト→エージェント）

の期待値として計算する必要があります。たとえば、状態sから3つの状態に遷移する場合は、次のようになります。

$$V(s) = [R(s_1) + \gamma V(s_1)] \times \pi(a_1 | s) + [R(s_2) + \gamma V(s_2)] \times \pi(a_2 | s)$$
$$+ [R(s_3) + \gamma V(s_3)] \times \pi(a_3 | s)$$
$$= \sum_a \pi(a | s) \times [R(s') + \gamma V(s')]$$

└─ 状態sにおいて行動a_iをとる確率

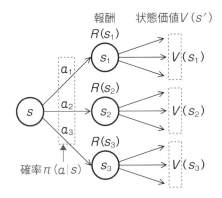

上の式は、行動a_1を選択すると必ず状態s_1に遷移するという前提ですが、これについても確率的に考えます。状態sにおいて行動aを選択したとき、状態s'に遷移する確率を$p(s' | s, a)$とすると、上の式は次のようになります。

$$V(s) = \sum_a \pi(a | s) \times \sum_{s'} p(s' | s, a)[R(s') + \gamma V(s')]$$

　　　　　　　　方策関数　　　　　　遷移関数

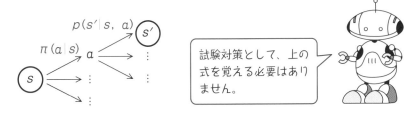

試験対策として、上の式を覚える必要はありません。

○か×か

行動価値関数とは、状態と価値を引数としてそのときの効用値を返す関数である。

この式を**ベルマン方程式**といいます。ベルマン方程式では、ある時点における状態価値 $V(s)$ を、後続の価値の推定値 $V(s')$ によって再帰的に定義できるのが特徴です。$V(s')$ には、最初は適当な値を入れておき、学習を繰り返しながら更新し、徐々に正確な値に近づけていきます。

4 価値反復法と方策反復法

強化学習は、いくつにも枝分かれする経路のうち、報酬和がなるべく多くなる経路を見つけることです。経路の探し方は、おおまかに価値反復法と方策反復法に大別できます。

①価値反復法

状態価値が最も高い方向にすすむように、エージェントを誘導する**価値ベース**の方法です。そのために、各状態の状態価値を算出します。

価値反復法では、最初にすべての状態価値を 0 で初期化し、ベルマン方程式を使って各状態の価値を更新します。これを繰り返すと、ゴールの 1 歩手前、その 1 歩手前のように、各状態の価値が徐々に更新されていきます。最終的にすべての状態価値が一定の値に収束したら終了です。

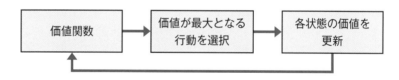

②方策反復法

方策にもとづいて行動を選択し、うまくゴールにたどり着いた行動をより重視するように方策を更新していく**方策ベース**の手法です。方策が更新されると、それにしたがって行動価値も更新されます。

方策のパラメータ更新に勾配法を用いた手法を、とくに**方策勾配法**といいます。勾配法は計算量が大きいため、近似的に実装した REINFORCE と呼ばれるアルゴリズムが用いられます。

　前ページの解答　×（行動価値関数は状態と行動を引数にとる）

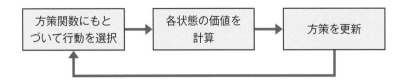

5 Q学習

行動価値関数 $Q(s, a)$ は、ある状態 s における行動 a の価値を返します。この値を**Q値**といいます。**Q学習**（Q learning）は、この値を試行のたびに更新しながら、Q値が最も高い行動をとるように学習していく手法です。

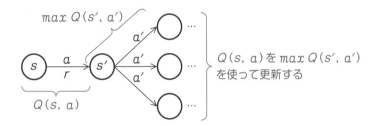

状態 s において行動 a をとった結果、報酬 r を得て状態 s' に移ったとします。このとき $Q(s,a)$ が最大になるのは、状態 s' において Q値が最大となる行動をとったときです。この値を $max\ Q(s',a')$ とすると、新しい $Q(s,a)$ は次のように更新すればよいことになります。

$$Q(s, a) \leftarrow r + \gamma\ max\ Q(s', a')$$

ただし上の式では、試行のたびにQ値を全面的に更新してしまうため、学習の積み重ねができません。そこで、更新前のQ値と試行結果との差分をとり、その差分の何割かだけを更新結果に反映させるようにします。

○か×か

Q学習は、現在設定されているQ値と、実際に行動して得られるQ値との差分をQ値に反映させる手法である。

$$Q(s, a) \Leftarrow Q(s, a) + \overset{\text{アルファ}}{\alpha} [r + \gamma \max Q(s', a') - Q(s, a)]$$

更新後の　　　更新前の　　　　更新後と更新前のＱ値の差分
Ｑ値　　　　　Ｑ値

　上の式の α を**学習率**といい、0〜1の値をとります。1回の試行結果をどの程度
更新に反映させるかを、この値で調整します。

　このように、差分を使って値を更新して
いく手法を、一般に **TD 学習**といいます。
つまり、Q学習はTD学習の一種です。

└─ Temporal Difference の略

> ○ memo　　　　　　　　　　○
> TD 学習の代表的な手法には、Q 学習
> のほかに SARSA があります。

6　モンテカルロ法

　モンテカルロ法は、実際に試行錯誤を何度も繰り返し、その結果によって状態
価値関数や行動価値関数の値を更新していく方法です。1回の試行で収益が得ら
れたら、それまでに行った行動の価値を一気に更新します。

　シンプルな方法ですが、多くの試行を繰り返す必要があるため、計算量が多く
なります。

7　actor-critic 法

　actor-critic 法は、行動を選択するアクター（actor）と、価値を評価するクリ
ティック（critic）とで構成される強化学習の手法です。学習のおおまかな流れは、
次のようになります。

①アクターが、方策にもとづいて行動を選択する。
②クリティックが状態と報酬を観測し、アクターの行動を評価する。
③アクターは、クリティックの評価にもとづいて方策を更新する。

　以上の①〜③を繰り返します。また、actor-critic 法を応用した手法に、**A3C**
（Asynchronous Advantage Actor-Critic）があります。

8 深層強化学習

強化学習に、ディープラーニングを取り入れた手法を**深層強化学習**といいます。ディープラーニングの普及とともに、DQN（ディープ Q ネットワーク）、Double DQN、Dueling DQN といった様々な深層強化学習の手法が開発されています。

深層強化学習については、130 ページであらためて説明します。

第2章　機械学習の具体的手法

深層強化学習による囲碁 AI の実力は、もはやプロ棋士レベル。

◯か×か

Q 学習とモンテカルロ法は、どちらも TD 学習と呼ばれる強化学習の手法の一種である。

確認問題

次の文章の ☐☐☐☐ 内に入る適切な語句を答えなさい。

❶ 正解、不正解が付された学習データによって、分類問題や回帰問題を解く機械学習の手法を ☐☐☐☐ という。

❷ 教師なし学習において、大量のデータをグループ分けする手法を ☐☐☐☐ という。

❸ 教師なし学習において、多数の次元をもつデータを要約することを ☐☐☐☐ という。

❹ ある状況における最適な行動パターンを、試行錯誤によって学習する機械学習の手法を ☐☐☐☐ という。

❺ 説明変数と目的変数の関係を1次式によって表し、説明変数の値から目的変数の値を予測する手法を ☐☐☐☐ という。

❻ 各実測値と予測値との差の2乗を求め、その総和が最小になるように重みを決定する手法を ☐☐☐☐ という。

❼ 1つ以上の説明変数から、ある事象が発生する確率を求める手法を ☐☐☐☐ という。

❽ 複数のパラメータから予測結果を合格／不合格、要／不要などに二値分類するロジスティック回帰には、☐☐☐☐ 関数を用いる。

❾ 予測結果を複数のカテゴリ（クラス）に分類するロジスティック回帰には、☐☐☐☐ 関数を用いる。

❿ サポートベクトルマシン（SVM）は、分類問題を ☐☐☐☐ というコンセプトにもとづいて解く手法である。

解 答

❶ 教師あり学習（34ページ）

❷ クラスタリング（36ページ）

❸ 次元削減（次元圧縮）（36ページ）

❹ 強化学習（37ページ）

❺ 線形回帰（39ページ）

❻ 最小二乗法（39ページ）

❼ ロジスティック回帰（40ページ）

❽ シグモイド（41ページ）

❾ ソフトマックス（41ページ）

❿ マージン最大化（41ページ）

前ページの解答 ×（モンテカルロ法は TD 学習ではない）

⓫サポートベクトルマシン（SVM）において、一部のサンプルの誤分類に寛容になるために□□□が用いられる。

⓬サポートベクトルマシン（SVM）において、そのままでは線形分離が難しいデータを、次元を拡張して分離可能にする手法を□□□という。

⓭条件分岐の繰り返しよって、ツリー状に枝分かれする樹木のようなモデルを学習によって得る手法を□□□という。

⓮決定木を利用した分類問題では、□□□の最大化を基準として各分岐条件を決定する。

⓯複数の弱学習器を組み合わせて、精度の高い学習器を構築する手法を□□□という。

⓰アンサンブル学習のひとつで、複数の決定木の出力を多数決して識別を行う手法を□□□という。この手法は、特徴量ごとに□□□を評価できるという利点がある。

⓱データセットから復元抽出したサンプルを複数の弱学習器で並列に学習させ、それぞれの出力の平均または多数決によって結果を得るアンサンブル学習の手法を□□□という。

⓲各弱学習器が、前の弱学習器で誤分類してしまったデータを優先的に分類できるように、複数の弱学習器を１つずつ順番に実行するアンサンブル学習の手法を□□□という。

⓳クラスタごとの重心を求め、各データを最も近いクラスタに紐付ける作業を繰り返して、データをあらかじめ決められた数のクラスタに分類する教師なし学習の手法を□□□という。

⓫スラック変数（42ページ）

⓬カーネル法（42ページ）

⓭決定木（43ページ）

⓮情報利得（43ページ）

⓯アンサンブル学習（45ページ）

⓰ランダムフォレスト、重要度（44ページ）

⓱バギング（45ページ）

⓲ブースティング（45ページ）

⓳k-平均法(k-means法)（48ページ）

❷⓿ 多数の変数の中から相関関係にある変数同士をまとめ、互いに相関のない少数の変数に次元圧縮する手法を □□□□ という。

❷⓿ 主成分分析（PCA）（49 ページ）

❷❶ t-SNE法は、変数の多い高次元データを、□□□□ という確率分布を使って 2 次元や 3 次元に次元削減する手法である。

❷❶ t 分布（50 ページ）

❷❷ 強化学習における学習の主体を □□□□ という。

❷❷ エージェント（51 ページ）

❷❸ ある状態における価値を、その次の状態の価値を用いて再帰的に表した式を □□□□ という。

❷❸ ベルマン方程式（54，56 ページ）

❷❹ ある状態において選択した行動によって見込める最終的な報酬の総和（収益）を □□□□ という。

❷❹ Q 値（57 ページ）

❷❺ 更新前の Q 値と、実際に行動して得られる Q 値の期待値との差分を、学習によって Q 値に反映させる強化学習の手法を □□□□ という。

❷❺ Q 学習（57 ページ）

❷❻ 収益を得たタイミングで、それまでの行動の価値を一気に更新する強化学習の手法を □□□□ という。

❷❻ モンテカルロ法（58 ページ）

❷❼ 行動を選択するアクターと、価値を評価するクリティックとで構成される強化学習の手法を □□□□ という。

❷❼ actor-critic 法（58 ページ）

第 3 章

機械学習の実行

データの扱い

学習データを準備し、学習を実行するまでのおおまかな手順を説明します。

▼ 講師から一言

G検定ではプログラムのコーディングまでは問われませんが、機械学習の手順のおおまかな流れを把握しておきましょう。

キーワード データセット、MNIST、CIFAR、ImageNet、Open Images V4、YouTube-8M、AVA、前処理、データクレンジング、スケーリング、正規化、標準化、データ拡張、オーバーサンプリング、アノテーション、SMOTE

1 機械学習の手順

機械学習のおおまかな手順は、次のようになります。

機械学習の目的は、入力データにもとづいて何らかの判断を行う「判断ルール」を、コンピュータの中に構築することです。この「判断ルール」のことを**モデル**といいます。

モデルを作成するには、学習用のデータを準備しなければなりません。次に、集めたデータを学習用に加工（前処理）し、これらをモデルに学習させてモデルを作成します。

学習が済んだら、モデルが課題をうまく処理できるかどうかを評価します。性能に問題があれば、最初の手順に戻ってやり直します。

この手順を繰り返して、モデルの精度を高めていきます。

2　データの準備

機械学習では、モデルに学習させるためにたくさんのデータが必要です。学習データの量が少ないと、**過学習**（76 ページ）という現象が起きやすくなります。

↑学習したデータ（訓練データ）は正解できるのに、未知のデータが正解できない現象

また、データなら何でもよいというわけではなく、課題に応じたデータを集めなければなりません。たとえば車載カメラの歩行者検出器をつくるなら、様々な歩行者の姿を含む画像データのほかに、歩行者を含まない街並みだけの画像も必要です。

必要なデータを自分（自社）で用意できない場合は、インターネットで公開されている**データセット**を利用する方法もあります。代表的なデータセットには、次のものがあります。

覚える　代表的なデータセット

MNIST	0～9 の手書き数字を 28×28 ピクセルのモノクロ画像で収集したデータセット。
CIFAR	飛行機や車など様々な種類の画像を数万枚集めたデータセット。10 クラスに分類された CIFAR-10 と、100 クラスに分類された CIFAR-100 がある。
ImageNet	スタンフォード大学がインターネット上から収集した1400 万枚以上の画像データからなるデータセット。英語の語彙（ごい）データベース WordNet から採用された2万以上の語彙によってラベル付けされている。
Open Images V4	Google が提供する 900 万枚の画像データセット。
YouTube-8M	800 万以上の YouTube 動画のデータセット。
AVA（Atomic Visual Actions）	人間の基本的な動作を集めてラベルを付した動画のデータセット。2017 年に Google が公開した。

○か×か

CIFAR は、自然言語処理分野で提案された WordNet に合わせて収集された 1400 万枚以上の画像データを有するデータセットである。

解答は次ページ

3　データの前処理

　収集したデータを、機械学習に利用できる形に整形・加工することを**前処理**といいます。前処理がじゅうぶんでないと、学習結果の精度が落ちたり、誤ったモデルができてしまうといった問題が生じやすくなります。

　前処理で行う作業には、次のようなものがあります。

①データクレンジング

　収集したデータから、不適切なデータを取り除いたり、誤りや欠損データを修正します。

②スケーリング

　データに含まれる特徴量の範囲（スケール）を、比較できるように統一する作業です。代表的なものに**正規化**と**標準化**があります。

▼覚える　正規化と標準化

正規化	値を 0〜1 などの範囲内に収まるように変換します。最大値と最小値が決まっている特徴量で用います。
標準化	値を平均 0、標準偏差 1 になるように変換します。最大値や最小値が決まっていないものや、外れ値が存在する特徴量で用います。

③データ拡張

　学習データの量が少ない場合には、データを「水増し」してデータ量を増やすことがあります。この手法を**データ拡張**（data augmentation）といいます。

　たとえば、画像データなら反転や回転、切り取り、色変換、ノイズ付加などを行ってバリエーションを増やします。また、音声データの場合は雑音を追加したり、声質を変換するなどの加工をします。

　自然言語処理では、単語を同義語や類義語、反意語に置き換えたり、語順を入れ替えたり、ランダムに単語を取り除くなどのデータ拡張法があります。

　前ページの解答　× （CIFAR → ImageNet）

④オーバーサンプリング

　もともと分布に偏りのあるデータの場合は、少数しかないクラスのサンプルが不足します。このような場合に、少数派のデータを増やして分布を調整する手法を**オーバーサンプリング**といいます（多数派のデータを減らす場合はアンダーサンプリングといいます。）。

　オーバーサンプリングの代表的な手法に、**SMOTE**（Synthetic Minority Oversampling Technique）があります。

⑤アノテーション

　教師あり学習では、教師データに分類名やラベルなどの情報をタグ付けしておく必要があります。この作業を**アノテーション**といいます。

　物体検出用の訓練データでは、物体の写っている領域を指定するといったアノテーションの作業が必要になります。

画像に含まれる物体を囲むアノテーションの例。
この囲みを「バウンディングボックス」という。

○か×か

SMOTE は、学習データのクラス分布に偏りがある場合に、分布の頻度が少数のクラスのデータ量を増やす手法である。

モデルの学習

準備した学習データを使ってモデルを作成していく手順の枠組み
を理解しましょう。

▼講師から一言

効率よく学習をすすめるには、バッチサイズやイテレーション数といっ
たハイパーパラメータの設定が重要です。

キーワード バッチ学習、オンライン学習、ミニバッチ学習、バッチサイズ、イテレー
ション数、エポック、ハイパーパラメータ、グリッドサーチ、ランダムサーチ

1 モデルの作成

　前処理が終わったら、いよいよ訓練データをモデルに読み込ませて学習させま
す。**学習**とは、訓練データに合わせて、モデル内の各パラメータを最適な値に調
整していく作業といえます。パラメータを更新するタイミングによって、次の3
種類の学習方法があります。

▼覚える パラメータの更新

バッチ学習	訓練データ全体を読み込んでから更新する。
オンライン学習	訓練データを1件読み込むごとに更新する。
ミニバッチ学習	訓練データをいくつかのサブセットに分割し、サブセットごとに更新する。

　バッチ学習とオンライン学習にはどちらも一長一短があるため、現在では両者
の中間的なミニバッチ学習が推奨（すいしょう）されています。

学習回数 　ミニバッチ学習において、訓練データを分割したサブセットのデー
タ件数を**バッチサイズ**といいます。たとえば、1,000件のデータを200件ずつの
サブセットに分割した場合、バッチサイズは200です。

　サブセット1回分の学習が終わると、学習結果としてモデル内の各パラメータが更新されます。データ全体でパラメータ更新を何回更新するかを、**イテレーション数**といいます。1,000件のデータでバッチサイズが200の場合、パラメータ更新は1000 ÷ 200 ＝ 5回ですから、イテレーション数は5になります。

　パラメータ更新を何度か繰り返して、すべての訓練データの学習を終えると、**1エポック**となります。通常、1エポックで学習が足りるということはなく、数エポックから数10エポックを繰り返します。

データセット1000件

サブセット200 | サブセット200 | サブセット200 | サブセット200 | サブセット200 ←バッチサイズ：200

学習 学習 学習 学習 学習

パラメータ更新 | パラメータ更新 | パラメータ更新 | パラメータ更新 | パラメータ更新 ←イテレーション数：5

1エポック

2　ハイパーパラメータの設定

　バッチサイズやイテレーション数のように、モデルの学習の過程では決定できないパラメータを**ハイパーパラメータ**といいます。

　パイパーパラメータには、バッチサイズやイテレーション数以外に学習率（102ページ）などがあります。

　ハイパーパラメータのほとんどは、人間が最適の値を調整しなければなりません。ハイパーパラメータの調整方法としては、用意したハイパーパラメータの組合せを順に試してみる**グリッドサーチ**や、組合せをランダムに選択する**ランダムサーチ**などがあります。

○か×か

ミニバッチ学習において、パラメータが更新された回数をエポック数という。

03 モデルの評価

ここでは、学習が済んだモデルの性能を評価する手法について説明します。

▼講師から一言

学習結果がどの程度有効かは、人間が判断しなければなりません。学習結果を評価する手法を把握しましょう。とくに、過学習を防止するテクニックは重要です。

キーワード 交差検証、ホールドアウト検証、k- 分割交差検証、データリーケージ、混同行列、正解率、適合率、再現率、F 値、汎化誤差、バイアス、バリアンス、ノイズ、過学習、正則化、L1 正則化、L2 正則化

1 モデル評価の手法

ひととおり学習を終えた後は、モデルの性能を評価する必要があります。

モデルの性能は、未知のデータをどの程度正しく判定・予測できるかで決まります。これを評価するには、学習に使っていないデータを用意しなければなりません。通常は、準備したデータ全体を学習用のデータ（**訓練データ**）と評価用のデータ（**テストデータ**）に分割して用いるのが一般的です。このようにデータを分割して検証することを**交差検証**といいます。

交差検証には、ホールドアウト検証と k- 分割交差検証の 2 種類があります。

①ホールドアウト検証

ホールドアウト検証は、準備したデータ全体を、事前に訓練データとテストデータに分割する方法です。訓練データの一部をさらに**検証データ**として切り出し、ハイパーパラメータの調整などに用いる場合もあります。その場合は、訓練データと検証データを使ってモデルを作成し、テストデータでモデルを評価するという流れになります。

前ページの解答 ×（エポック数→イテレーション数）

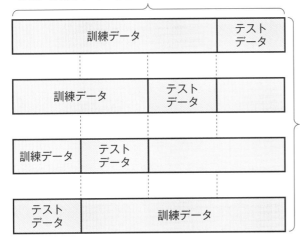

学習に使用　　　評価に使用

訓練データ	検証データ	テストデータ

② k-分割交差検証

準備したデータ全体をk個に分割し、そのうちの1つをテストデータ、残りを訓練データとするホールドアウト検証をk回行う方法です。

k個に分割し、そのうちの1個をテストデータにする

ホールドアウト検証×k回

2　データリーケージ

訓練データや検証データに、本来は未知であるべきテストデータが混入してしまうことを**データリーケージ**といいます。

たとえば時系列データを扱う予測モデルは、過去データで学習した結果にもとづき、未来のデータを予測します。そのため、訓練データや検証データは過去のデータ、テストデータは未来のデータとしないと、正しく性能を評価できません。

> **○か×か**
>
> k-分割交差検証法は、データセット全体のデータ量が少ない場合は正しい検証結果を得ることができない。

解答は次ページ

訓練データや検証データに未来のデータが混入すると、テストデータで良い結果が出ても、実際の精度は低くなってしまいます。

　時系列データでk-分割交差検証を行うと、訓練データに未来のデータが混入する可能性があるので注意が必要です。

3　混同行列と評価指標

　テストデータを使ったモデルの評価について考えてみましょう。たとえば、迷惑メールを判定するモデルの評価では、テストデータとしてメールのサンプルを入力し、モデルが正解を見ないでサンプルが迷惑メールかどうか予測します。サンプルと予測結果の組合せには、次の4通りの結果が考えられます。

Ⅰ　サンプルの迷惑メールを、正しく迷惑メールと予測する（**真陽性**）
Ⅱ　サンプルの非迷惑メールを、誤って迷惑メールと予測する（**偽陽性**）
Ⅲ　サンプルの迷惑メールを、誤って非迷惑メールと予測する（**偽陰性**）
Ⅳ　サンプルの非迷惑メールを、正しく非迷惑メールと予測する（**真陰性**）

　ⅠとⅣは正しい予測、ⅡとⅢは誤った予測です。この4通りの結果を次のような2行2列の表にまとめます。このような表を**混同行列**といいます。

予測結果／サンプル	迷惑メール	非迷惑メール
迷惑メール	Ⅰ　真陽性 （TP：True Positive）	Ⅲ　偽陰性 （FN：False Negative）
非迷惑メール	Ⅱ　偽陽性 （FP：False Positive）	Ⅳ　真陰性 （TN：True Negative）

　この混同行列を使って、いくつかの**評価指標**を計算できます。代表的なものは以下の4種類です。

①**正解率（accuracy）**：全データ中、正しく予測できた割合

$$正解率 = \frac{正しく予測した数（Ⅰ+Ⅳ）}{全データ数（Ⅰ+Ⅱ+Ⅲ+Ⅳ）}$$

　前ページの解答　✕（データ量が比較的少ない場合でも正しい検証結果を得られる）

②**適合率（precision）：陽性の予測結果のうち、正しい予測の割合**

$$適合率 = \frac{正しく陽性と予測した数（Ⅰ）}{陽性と予測した数（Ⅰ＋Ⅱ）}$$

③**再現率（recall）：陽性データのうち、正しく予測できた割合**

$$再現率 = \frac{正しく陽性と予測した数（Ⅰ）}{実際の陽性データの数（Ⅰ＋Ⅲ）}$$

④**F値：適合率と再現率の調和平均**

$$F値 = \frac{2 \times 適合率 \times 再現率}{適合率＋再現率}$$

　たとえば、1,000件のテストデータを使ってモデルをテストしたところ、混同行列が次のようになったとしましょう。

予測結果 サンプル	迷惑メール	非迷惑メール
迷惑メール	Ⅰ　480	Ⅲ　30
非迷惑メール	Ⅱ　20	Ⅳ　470

　正解率、適合率、再現率、F値は、それぞれ次のようになります。

$$正解率 = \frac{480 + 470}{480 + 20 + 30 + 470} = \frac{950}{10000} = 0.95$$

$$適合率 = \frac{480}{480 + 20} = \frac{480}{500} = 0.96$$

○か×か

分類問題におけるモデルの性能は、混同行列を利用して評価できる。

解答は次ページ

$$再現率 = \frac{480}{480 + 30} = \frac{480}{510} \fallingdotseq 0.94$$

$$F値 = \frac{2 \times 0.96 \times 0.94}{0.96 + 0.94} \fallingdotseq 0.95$$

　重視する評価指標は、モデルによって異なります。たとえば迷惑メール判定の場合は、一般に偽陰性（迷惑メールを非迷惑メールと判定してしまう）より偽陽性（非迷惑メールを迷惑メールと判定してしまう）のほうが困るので、再現率（偽陰性が少ないほど高くなる）より適合率（偽陽性が少ないほど高くなる）を重視します。

偽陰性が多い場合

正解 ＼ 予測	迷惑メール	非迷惑メール
迷惑メール	480	40
非迷惑メール	10	470

適合率：$\dfrac{480}{490}$ ＞再現率：$\dfrac{480}{520}$

偽陽性が多い場合

正解 ＼ 予測	迷惑メール	非迷惑メール
迷惑メール	480	10
非迷惑メール	40	470

適合率：$\dfrac{480}{520}$ ＜再現率：$\dfrac{480}{490}$

　なお、混同行列は多クラス分類問題でも利用できます。次の例は、画像データから犬、猫、人間を識別するモデルの混同行列です。

サンプル ＼ 予測結果	犬	猫	人間
犬	320	25	5
猫	20	311	4
人間	7	3	305

4　汎化誤差の要素

　訓練データに対する予測と正解との差を**訓練誤差**、学習に使わない未知のデータに対する予測と正解との差を**汎化誤差**といいます。モデルの性能は訓練誤差ではなく、汎化誤差によって測る必要があります。これを**汎化性能**といいます。

　前ページの解答　○

汎化誤差は、**バイアス、バリアンス、ノイズ**の３要素に分解できます。

①バイアス

　予測モデルが単純すぎるために生じる誤差。たとえば、実際の値は非線形に変化しているのに、予測モデルが線形である場合などに生じます。

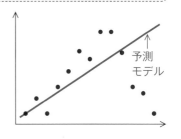

②バリアンス

　予測モデルが複雑すぎるために生じる誤差。特定のデータに適応しすぎて、一般的な傾向を反映できていない状態です。一般に、過学習はバリアンスが大きいために生じます。

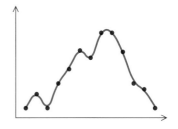

③ノイズ

　データ自体がもっている予測とのズレのこと。どんなに精巧なモデルでも、予測値と実際の値がぴったり重なることはまれなので、ノイズを取り除くことはできません。
　汎化誤差のうち、ノイズをゼロにすることはできないので、バイアスとバリアンスの和が最小になるようにモデルを調整していきます。

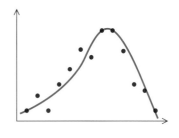

◯か×か

モデルの汎化誤差の要素のうち、使用するデータセット自身に内包されている誤差をバリアンスという。

機械学習では、学習をすすめて訓練誤差は小さくなったのに、汎化誤差は小さくならないという現象が起こる場合があります。このような現象を**過学習**（オーバーフッティング）といいます。

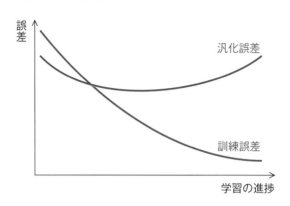

過学習の防止は機械学習では重要な課題なので、様々なテクニックが考案されています。代表的なテクニックを理解しておきましょう。

①アンサンブル学習

ランダムフォレストや XGBoost といったアンサンブル学習（45ページ）では、複数の学習結果の多数決を予測値とするため、バリアンスが下がって過学習を抑える効果があります。

②スパース化

モデルに使用する説明変数（特徴量）の数を減らし、モデルが訓練データに適応しすぎるのを防ぐ方法です。

③データ拡張

訓練データが少ないと、データのバリエーションが不足し、過学習が起こりやすくなります。訓練データはデータ拡張（66ページ）で増やすことができます。

前ページの解答 ×（バリアンス→ノイズ）

ただし、似たようなデータばかりを増やすと、かえって過学習をすすめてしまう場合もあるので注意が必要です。

④ドロップアウト

　ニューラルネットワークやディープラーニングで用いられるテクニックで、ネットワークを構成するユニットをランダムに無効化して学習する手法です（104ページ）。

⑤早期終了（early stopping）

　学習をすすめていく過程で汎化誤差が上昇してきたら、訓練データが残っていても学習を打ち切ってしまう手法です（105ページ）。

⑥正則化

　重要でない特徴量が判定に影響を与えすぎないようにパラメータ（重み）に制限をかけ、モデルが過度に訓練データに適応するのを防ぐ手法です。L1 正則化とL2 正則化の2種類があります（105ページ）。

⑦バッチ正規化

　これもニューラルネットワークやディープラーニングで用いられるテクニックで、隠れ層の入力値をミニバッチ単位で正規化します（107ページ）。

ディープラーニングでよく用いられている④～⑦については、第4章で改めてくわしく説明します。

○か×か
過学習は、一般に汎化誤差のノイズが大き過ぎるために生じる。

確認問題

次の文章の ☐☐☐☐ **内に入る適切な語句を答えなさい。**

解 答

❶ ☐☐☐☐ は、0 〜 9 の手書き数字を 28 × 28 ピクセルの モノクロ画像で収集したデータセットである。

❶ MNIST（65ページ）

❷ ☐☐☐☐ は、飛行機や車など、様々な種類の画像を数万枚 集めたデータセットで、10 クラスに分類されたものと 100 クラスに分類されたものがある。

❷ CIFAR（65ページ）

❸ ☐☐☐☐ は、スタンフォード大学がインターネット上から 収集した 1400 万枚以上の画像データからなるデータセッ トで、WordNet に基づいてラベル付けされている。

❸ ImageNet（65ペー ジ）

❹ 2017 年に Google が公開した ☐☐☐☐ は、人間の基本 的な様々な動きに対してラベルを付した動画とアクション のデータセットである。

❹ AVA（65 ページ）

❺ 2016 年に Google が発表し、現在までに数回アップデー トされている画像のデータセットは ☐☐☐☐ である。

❺ Open Images（65 ページ）

❻ 収集したデータから、不適切なデータを取り除いたり、 誤りや欠損データを修正する作業を ☐☐☐☐ という。

❻ データクレンジング （66ページ）

❼ 値の集合を、0 から 1 の範囲に収まるように変換するこ とを ☐☐☐☐ という。

❼ 正規化（66ページ）

❽ 値の集合を、平均 0、標準偏差 1 になるように変換する ことを ☐☐☐☐ という。

❽ 標準化（66ページ）

❾ 教師データとして用いる各データに、分類名やラベルな どの情報をタグ付けする作業を ☐☐☐☐ という。

❾ アノテーション（67 ページ）

❿学習データの量が少ない場合に、データを「水増し」してデータ量を増やすことを□□□□□という。

⓫学習データの分布に偏りがある場合、少数しかないクラスのサンプルを増やす作業を□□□□□という。代表的な手法に□□□□□がある。

⓬すべての学習データを読み込んでからパラメータの更新を行う手法を□□□□□という。

⓭学習データ1件ごとにパラメータの更新を行う手法を□□□□□という。

⓮学習データ全体を複数のサブセットに分割し、サブセットごとにパラメータの更新を行う手法を□□□□□という。

⓯ミニバッチ学習において、サブセットのデータ件数を□□□□□という。

⓰ミニバッチ学習において、パラメータが更新された回数を示す単位を□□□□□数という。

⓱ミニバッチ学習において、学習データ全体を何回繰り返して学習したかを示す単位を□□□□□という。

⓲学習によって更新されるパラメータではなく、あらかじめ値を決めておくパラメータを□□□□□という。

⓳すべての候補の値の組合せを順に試して、もっとも評価の高くなるハイパーパラメータを選択する手法を□□□□□という。

⓴候補の値をランダムに組み合せて、評価の高いハイパーパラメータを探索する手法を□□□□□という。

㉑準備したデータ全体を、事前に訓練データとテストデータに分割する交差検証の手法を□□□□□という。

❿ データ拡張(66ページ)

⓫ オーバーサンプリング、SMOTE (67ページ)

⓬ バッチ学習(68ページ)

⓭ オンライン学習(68ページ)

⓮ ミニバッチ学習(68ページ)

⓯ バッチサイズ (68ページ)

⓰ イテレーション(69ページ)

⓱ エポック(69ページ)

⓲ ハイパーパラメータ (69ページ)

⓳ グリッドサーチ (69ページ)

⓴ ランダムサーチ (69ページ)

㉑ ホールドアウト検証 (70ページ)

❷❷ 準備したデータ全体を k 個に分割し、そのうちの 1 つを
テストデータ、残りを訓練データとする交差検証を k 回行
う方法を□□□□という。

❷❸ データを A と B に分類するモデルにおいて、本来 A に
分類しなければいけないものを正しく A と判別した割合
や、A に分類しなければいけないものを誤って B と判別し
た割合などを知るために作成する表を□□□□という。

❷❹ □□□□とは、全データのうち、正しく予測できた割合で
ある。

❷❺ □□□□とは、陽性の予測結果のうち、正しい予測の割合
である。

❷❻ □□□□とは、すべての陽性データのうち、正しく陽性と
予測した割合である。

❷❼ 適合率と再現率の調和平均を□□□□という。

❷❽ 学習に使わない未知のデータに対する予測と正解との差
を□□□□という。

❷❾ 汎化誤差のうち、予測モデルが単純すぎるために生じる
誤差を□□□□という。

❸❶ 汎化誤差のうち、予測モデルが複雑すぎるために生じる
誤差を□□□□とう。

❸❶ 汎化誤差のうち、データ自体がもっている予測とのズレ
のことを□□□□という。

❸❷ 学習をすすめて訓練誤差は小さくなったのに、汎化誤差
は小さくならないという現象を□□□□という。

第 4 章

ディープラーニング
の概要

01 ニューラルネットワーク

ディープラーニングを理解するために、その起源であるニューラルネットワークについて説明します。

頻出度

▼講師から一言

ディープラーニングは、ニューラルネットワークの進化形と考えることができます。まずはニューラルネットワークの概要を理解しましょう。

キーワード パーセプトロン、重み、バイアス、活性化関数、多層パーセプトロン

1 パーセプトロン

ニューラルネットワークは、人間の脳の構造をモデルにした機械学習の手法です。主に教師あり学習に使われますが、教師なし学習にも使えます。教師あり学習では、分類問題にも回帰問題にも使えます。

人間の脳は**ニューロン**と呼ばれる神経細胞の集まりです。このニューロンにあたる回路を、ニューラルネットワークでは**パーセプトロン**といいます。

1個のパーセプトロンは、次の図のように複数の入力を受け取り、1つの値を出力する回路です。基本的には、複数の入力値の合計を求め、その値によって0または1を出力します。ただし、入力値はそのまま合計するのではなく、それぞれに**重み**と呼ばれる係数を掛けてから足し合わせる加重合計とします。

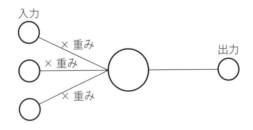

重みを変えると、入力値が同じでも出力が異なることに注意しましょう。たとえば、3つの入力値の加重合計が10以上の場合は1、それ以外の場合は0を出力す

るパーセプトロンを考えます。入力値の組みは $(1, 2, 4)$ とします。重みが $(1, 2, 1)$ のとき、加重合計は

$$1 \times 1 + 2 \times 2 + 4 \times 1 = 9$$

となるので、このパーセプトロンの出力は 0 です。

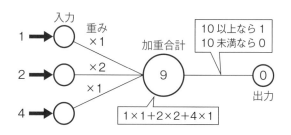

ニューラルネットワークでは、この入力値 $(1, 2, 4)$ と正解 $(0$ または $1)$ を**教師データ**とします。仮に正解が 1 だとすると、上の出力 0 は誤りです。そこで、出力が正しくなるように重みを調整します。これが**学習**です。たとえば重みを $(1, 2, 2)$ に変えると、加重合計は

$$1 \times 1 + 2 \times 2 + 4 \times 2 = 13$$

となり、パーセプトロンは 1 を出力します。

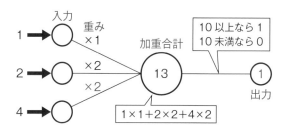

上の例では出力値を「加重合計が 10 以上の場合は 1、それ以外の場合は 0」としていますが、この部分は「加重合計が 0 以上の場合は 1、それ以外の場合は 0」とするのが一般的です。その代わり、加重合計の式に「-10」を加えます。

○か×か

ニューラルネットワークは人間の脳の神経細胞をモデルにした手法であり、教師あり学習の分類問題には使用できるが、回帰問題には使用できない。

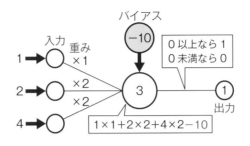

この「-10」を**バイアス**といいます。ニューラルネットワークでは、バイアスの値も学習によって調整します。

2 活性化関数

パーセプトロンの出力部分は、入力値の加重合計を出力値に変換する関数と考えられます。「値が 0 以上の場合は 1、それ以外の場合は 0 を出力する」関数は、グラフで表すと次のようになります。

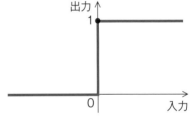

このような関数を**ステップ関数**といいます（95 ページ）。ステップ関数は 0 または 1 しか出力できませんが、この関数を別のものに取り替えれば、0 〜 1 の間の連続値を出力することもできるようになります。パーセプトロンの出力部分を変化させる関数を、**活性化関数**といいます（94 ページ）。

活性化関数には様々な種類があり、課題に応じて適切なものを選びます。ニューラルネットワークで使われる代表的な活性化関数に、**シグモイド関数**（95 ページ）、**ReLU 関数**（97 ページ）があります。

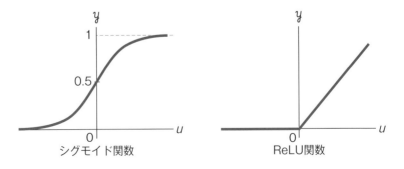

シグモイド関数　　　　　　　　　　ReLU 関数

　前ページの解答　×（分類問題にも回帰問題にも使用できる）

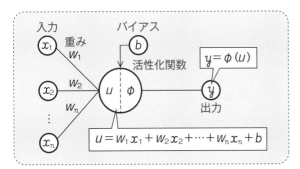

◀ 覚える 重み、
バイアス、
活性化関数
のまとめ

3 多層パーセプトロン

パーセプトロンの出力を、他のパーセプトロンの入力として、複数のパーセプトロンを接続することができます。とくに複数のユニット（個々のパーセプトロンのこと）を並べて層を構成し、複数の層を接続したモデルを**多層パーセプトロン**といいます。

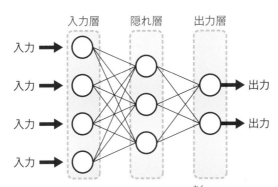

図のように、入力層と出力層の間に設けた層を**隠れ層**（中間層）といいます。上の図では、1個のユニットから複数の出力があるよう見えますが、出力はあくまでも1つで、それを複数のユニットに入力していることを表しています。このように、複数のユニットが網状につながったものを**ニューラルネットワーク**といいます。

⭕か✕か

1個のパーセプトロンは、各入力に学習率を乗じた値の総和にバイアスを加え、その値を活性化関数によって変換して出力する。

多層パーセプトロンは、信号が入力層→隠れ層→出力層へと逆流せずに順に伝播していく**順伝播型**のニューラルネットワークといえます。

4　ディープラーニングとは

　ニューラルネットワークでは、教師データを入力して、パラメータ（重みやバイアス）が最適な値になるように調整していきます。この過程を**学習**といいます。

　多層パーセプトロンは、入力層と出力層の間に隠れ層を設けることで、調整できる重みやバイアスの数が増えました。また、活性化関数を適切に設定することで、出力を微調整することもできるようになりました。

　このモデルをさらに発展させ、隠れ層をより深く（ディープ）したものが**ディープラーニング**（深層学習）です。ニューラルネットワークの発展形なので、**ディープニューラルネットワーク**（DNN）ともいいます。

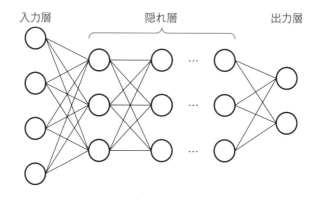

　隠れ層の深さはとくに決まっていませんが、一般に隠れ層が**2層以上**のものをディープラーニングといいます。ディープラーニングでは、隠れ層が1層しかないニューラルネットワークと比べて、調整可能な重みとバイアスがさらに増えています。これにより、高い精度で正解を出せるようになっています。

　前ページの解答　×（学習率→重み）

02 ニューラルネットワークから ディープラーニングへ

ニューラルネットワークの誕生から、ディープラーニングが普及するまでの経緯をたどっていきましょう。

頻出度

▼講師から一言

ディープラーニングが普及するまでに、クリアすべき課題があったことを把握しましょう。

キーワード 単純パーセプトロン、線形分離可能、誤差逆伝播法、勾配消失問題

1 単純パーセプトロン

ニューラルネットワークの概念は、1958年にフランク・ローゼンブラットによって考案されました。ニューラルネットワークとしては、入力層と出力層の2層からなるシンプルなものなので、現在ではこの段階のものを**単純パーセプトロン**といいます。

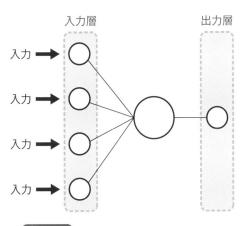

○ memo

線形分離可能

2つの集合が二次元平面上にあるとき、それらを1本の直線によって分離できる場合を線形分離可能といいます。

○か×か

多層パーセプトロンは入力層、隠れ層（中間層）、出力層からなる逆伝播型のニューラルネットワークで、ディープラーニングモデルの原型となった。

しかし、単純パーセプトロンでは**線形分離可能**な問題しか対処できないことが指摘されます（マービン・ミンスキーとシーモア・パパートの共著『パーセプトロン』1969年）。これ以降、ニューラルネットワーク研究は下火になってしまいます。

線形分離が可能ではない問題は、入力層と出力層の間に隠れ層（中間層）を設けることで理論的には解決可能でした。このようなニューラルネットワークを**多層パーセプトロン**といいます（85ページ）。

1986年、**誤差逆伝播法**という多層パーセプトロンの学習アルゴリズムが、デビッド・ラメルハートらによって提唱されました。これにより、ニューラルネットワークは再び注目を集めます。

誤差逆伝播法（バックプロパゲーション）は、ニューラルネットワークの出力と正解との間の誤差（損失）を求め、その誤差が最小になるように中間層の重みを修正（補正）していく手法です。この手法では、計算過程で活性化関数の微分が必要となるため、微分できないステップ関数に代わって、微分可能なシグモイド関数が採用されました。

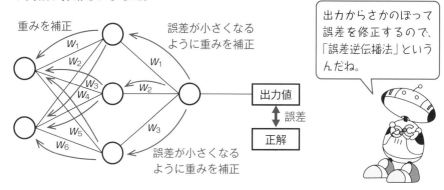

出力からさかのぼって誤差を修正するので、「誤差逆伝播法」というんだね。

しかし、ディープラーニングが登場するには、まだ解決すべき課題がありました。誤差の計算過程では活性化関数の微分（勾配）を求めますが、この値は層をさかのぼるごとに小さくなります。そのため隠れ層を深くすると、途中で微分値がゼロになってしまい、入力に近い層の重みを修正できなくなってしまうのです。この問題を**勾配消失問題**といいます。勾配消失問題は、隠れ層を多層化するうえで大きな障害となりました。

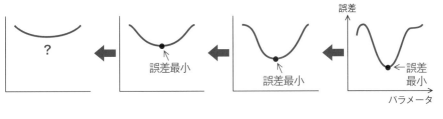

| 勾配消失問題 | 誤差逆伝播法では誤差が最小になるパラメータを出力層からさかのぼって求めていくが、誤差の勾配は層をさかのぼるにつれてなだらかになるため、最小値がわからなくなってしまう。 |

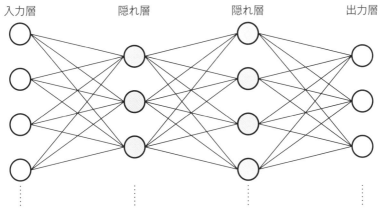

　勾配消失問題への対策として、初期には次節で解説する**事前学習**を用いた手法が考案されました。しかし現在では、主として**活性化関数を工夫**することで勾配消失問題の解消を図るのが一般的です（96ページ）。

　ニューラルネットワークの層を深くすると、勾配消失問題が起こりやすい。

〇か×か

勾配消失問題は、ニューラルネットワークの層が深かったり、使用している活性化関数の微分値が大きいと生じやすい。

03 事前学習による ディープラーニング

事前学習を用いたディープラーニングは、現在の主流ではありませんが、ディープラーニングの手法を理解するうえで重要です。

▼講師から一言

複数のオートエンコーダを積み重ねた積層オートエンコーダと深層信念ネットワークの概念を理解しましょう。

キーワード オートエンコーダ（自己符号化器）、積層オートエンコーダ、事前学習、ファインチューニング、深層信念ネットワーク、ボルツマンマシン、ジェフリー・ヒントン

1 オートエンコーダ

オートエンコーダ（自己符号化器）は、可視層と隠れ層の2層からなるネットワークです。可視層は入力層と出力層を兼ねたもので、データは可視層（入力層）→隠れ層→可視層（出力層）の順に伝播します。なお、隠れ層は可視層より少ない次元で構成されていることに注意してください。

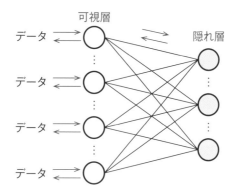

オートエンコーダにおける学習では、入力データと出力データが同じになるようにパラメータを調整します。隠れ層は入力データより次元が小さいので、隠れ層には入力された情報がいったん圧縮され、出力するときに元に戻ることになります。

前ページの解答 ×（微分値が大きいと生じやすい→微分値が小さいと生じやすい）

可視層を入力層と出力層に分けて考えれば、オートエンコーダは次のような多層パーセプトロンと同じです。

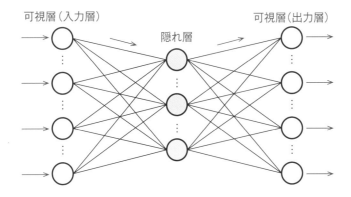

可視層（入力層）　　　隠れ層　　　　可視層（出力層）

　入力層→隠れ層の処理を**エンコード**、隠れ層→出力層の処理を**デコード**といいます。

2　積層オートエンコーダ

　オートエンコーダが1つ完成したら、今度はこのオートエンコーダの隠れ層を入力にして、もう1つオートエンコーダをつくります。

オートエンコーダA隠れ層の出力を、次のオートエンコーダBに入力

データ →

データ →

データ →

データ →

オートエンコーダA　　　　　オートエンコーダB

○か×か

オートエンコーダ（自己符号化器）の隠れ層は、可視層より大きい次元で構成されているため、データが要約（次元圧縮）される。

このように、複数のオートエンコーダを積み重ねたものを**積層オートエンコーダ**といいます。オートエンコーダを何段にも重ねれば、ディープラーニングと同様に隠れ層を多層化することができます。

このように、オートエンコーダの学習を順番にすすめていくことを**事前学習**といいます。事前学習では、学習を入力層から順にひとつずつすすめていくので、誤差逆伝播法のときのような勾配消失問題は生じません。

ただし、オートエンコーダの学習は入力と出力を同じにすることが目的なので、そのままでは教師あり学習にはなりません。そこで、最後に出力層として正解を出力する層を追加します。

最後に、仕上げとしてネットワーク全体のパラメータを調整します。この過程を**ファインチューニング**といいます。

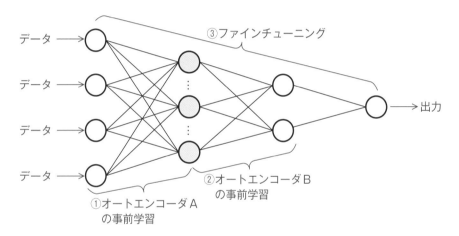

> 積層オートエンコーダは、事前学習とファインチューニングでつくる。

3 深層信念ネットワーク

積層オートエンコーダは、複数のオートエンコーダを積み重ねたものですが、オートエンコーダの代わりに**制限付きボルツマンマシン**を積み重ねたものを、**深層信念ネットワーク**（deep belief network）といいます。

ボルツマンマシンは、ネットワークの動作に熱力学の概念を取り入れたもので、

　前ページの解答　×（大きい→小さい）

オートエンコーダと同じく可視層と隠れ層からなります。ただし、通常のボルツマンマシンでは同じ層のユニット同士も結合されるのに対し、深層信念ネットワークでは層間のみの結合に制限した「制限付き」のボルツマンマシンを使用します。

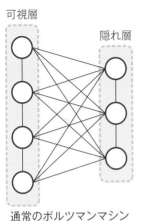

通常のボルツマンマシン　　　　　制限付きボルツマンマシン

　積層オートエンコーダと深層信念ネットワークは、どちらも 2006 年にジェフリー・ヒントンによって提唱されました。どちらも手法としては有効ですが、各層を順番に学習していくため、計算量が膨大になり実用的ではありません。そのため現在では、各層を一度に学習する手法が主流となっています。

　しかし、学習済みのモデルを利用する手法は現在でも転移学習（157 ページ）などで有効です。

第4章
ディープラーニングの概要

◯か×か

制限付きボルツマンマシンを積み重ねることで積層オートエンコーダが構成される。

04 活性化関数

頻出度

ニューラルネットワークで重要な役割を果たす活性化関数について説明します。

▼講師から一言

活性化関数の種類ごとの特性を理解しましょう。

キーワード シグモイド関数、ソフトマックス関数、one-hot ベクトル、恒等関数、tanh 関数、ReLU 関数

1 活性化関数とは

ニューラルネットワークを構成する個々のユニットは、入力された値 (x_1, x_2, …、x_n) に対し、次のような計算を行って出力値 z を求めます。

$$z = \phi(w_1 x_1 + w_2 x_2 + \cdots w_n x_n + b)$$

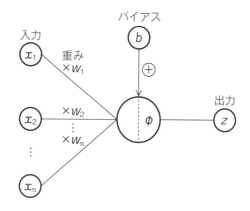

84 ページで説明したように、ここで使われている関数 ϕ（ファイ）を**活性化関数**といいます。たとえば、x が 0 以上なら 1、それ以外は 0 を出力する活性化関数は、

前ページの解答 ×（積層オートエンコーダ→深層信念ネットワーク）

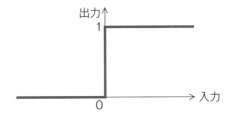

$$\phi(x)=\begin{cases} 1 & (x \geqq 0) \\ 0 & (x < 0) \end{cases}$$

のように表せます（この関数を**ステップ関数**といいます）。

　なお、誤差逆伝播法（88ページ）の計算では活性化関数の微分を求めるため、活性化関数は微分可能でなければならないという条件があります。ステップ関数は微分すると0になるので、ニューラルネットワークでは使用できません。

2 　出力層の活性化関数

　出力層に用いる活性化関数は、求められる出力によって異なります。一般に、2値分類の出力は**シグモイド関数**、多クラス分類の出力は**ソフトマックス関数**を用います。また、回帰問題には**恒等関数**が用いられます。

①シグモイド関数

　シグモイド関数は、正解が「1」か「0」のいずれかになる**2値分類**の問題で、正解が「1」である確率を出力します。たとえば迷惑メール判定で結果が「0.8」であれば、迷惑メールである確率が0.8と解釈します。

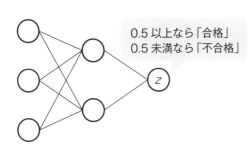

0.5 以上なら「合格」
0.5 未満なら「不合格」

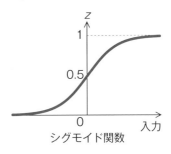

シグモイド関数

〇か×か

シグモイド関数は入力値に応じて−1から＋1の値を出力する関数で、主として2値分類に用いられる。

②ソフトマックス関数

ソフトマックス関数は、0～1の間の連続値を出力しますが、すべての出力値の合計が1になるように設計されています。それぞれの出力値を確率と考え、**多クラス分類**に用います。たとえば画像に写っている物体を「猫」「犬」「人」のいずれかに分類するモデルの出力は、猫の確率0.7、犬の確率0.2、人の確率0.1のような出力になります。

なお、多クラス問題の訓練データは、正解値を（1，0，0）のようなベクトル値で表します。これは各クラスのうち、正解のクラスだけを「1」、その他のクラスを「0」としたもので、**one-hot ベクトル**といいます。

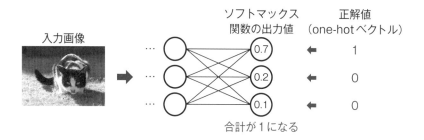

③恒等関数

恒等関数とは、入力値と同じ値を出力する関数です。回帰問題の出力は予測値そのものなので、入力値をそのまま出力します。

3 tanh 関数

隠れ層を構成する各ユニットの活性化関数には、従来はシグモイド関数が使われていました。しかしシグモイド関数の微分は最大値が0.25と小さいため、層を深くすると勾配消失問題（88ページ）が生じやすくなります。

そこで、シグモイド関数の代わりに提案されたのが**tanh関数**（ハイパボリックタ

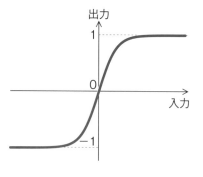

　前ページの解答　× （－1から＋1の値を出力→ 0から1の値を出力）

ンジェント関数）です。tanh 関数のグラフはシグモイド関数に似ていますが、値の範囲は－1から＋1になります。また、微分した値の最大値は1なので、シグモイド関数より勾配消失が起こりにくいのが特徴です。

4 ReLU 関数

tanh 関数はシグモイド関数より勾配消失が起こりにくいとはいえ、微分した値は1以下なので、隠れ層を深くすれば勾配は減少してしまいます。そこで、tanh 関数に代わって提案されたのが **ReLU 関数**です。

ReLU（Rectified Linear Unit）関数は、入力が0以下の場合は0、0より大きい場合は入力値をそのまま出力する関数です。

ReLU 関数では、入力が0より大きければ、微分した値は必ず1になるため、勾配消失は発生しません。そのため隠れ層の活性化関数としては、ReLU関数が最もよく使われています。

なお、入力が0以下の場合でも微分値が0にならないように改良された**Leaky ReLU関数**も提案されています。

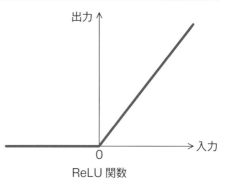

ReLU 関数

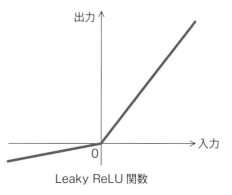

Leaky ReLU 関数

>
> ReLU 関数によって勾配消失問題が解決したことで多層化が可能になり、ディープラーニングが進展した。

〇か×か

誤差逆伝播における勾配消失を防ぐには、活性化関数として ReLU 関数の代わりに tanh 関数を用いるのがよい。

最適化の手法

計算量が膨大なディープラーニングでは、学習を効率よくすすめるための様々な最適化手法が考案されています。

▼講師から一言

それぞれの手法の概要と、どのような目的があるかを理解しましょう。

キーワード 誤差関数（損失関数）、平均二乗誤差、交差エントロピー誤差、勾配降下法、最急降下法、確率的勾配降下法（SGD）、モーメンタム、AdaGrad、AdaDelta、RMSprop、Adam、Xavierの初期値、Heの初期値

1 誤差関数

　ニューラルネットワークでは、出力される値（予測値）が正解の値になるべく近くなるように、学習によってパラメータ（重みやバイアス）を**最適化**していきます。そのための手法として、誤差逆伝播法が用いられるのでした（88ページ）。

　誤差逆伝播法では、活性化関数によって出力された値（予測値）と正解値との誤差を**誤差関数**によって求め、その値が最小となるように重みを調整します。つまり、ニューラルネットワークにおける学習とは、誤差関数の値を最小化するパラメータを求めること、と言い換えることができます。

　誤差関数は**損失関数**ともいいます。誤差関数（損失関数）としてよく使われているのは、平均二乗誤差と交差エントロピー誤差です。

平均二乗誤差	予測値と正解値の差を2乗した値の平均。主に回帰問題で用います。
交差エントロピー誤差	$-\sum_k t_k \cdot \log(y_k)$で求めます。主に分類問題で用います。（$y_k$：予測値　t_k：正解値）。
KLダイバージェンス	2つの確率分布$p(x)$と$q(x)$との差異の大きさを表す指標。次の式で求めます。 $$D_{KL}(p\|q) = \int_{-\infty}^{\infty} p(x) \log \frac{p(x)}{q(x)}$$

前ページの解答 ×（tanh関数の代わりにReLU関数を用いる）

2　勾配降下法

　関数の値が最小（または最大）になるのは、その関数のグラフの「接線の傾き」が0になる点です。

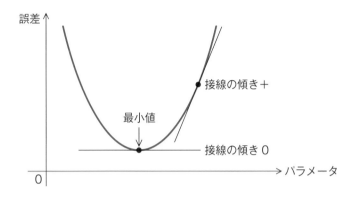

　接線の傾きは、関数を微分すれば求めることができます。高校の数学では変数が1つだけの関数の微分しか習いませんが、誤差関数は多数の変数を含んでいるため、微分ではなく**偏微分**になります。また、その場合の接線の傾きにあたるものを**勾配**（grad）といいます。

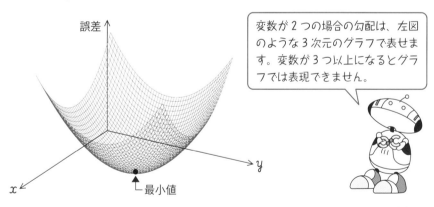

> 変数が2つの場合の勾配は、左図のような3次元のグラフで表せます。変数が3つ以上になるとグラフでは表現できません。

　ニューラルネットワークには多数のパラメータがあるため、それらを小刻みに

○か×か

誤差逆伝播法では、正解と出力との誤差が最小になるように、出力に関する誤差関数の発散を求め、逆方向に伝播させていく。

解答は次ページ　　99

動かして、勾配が最小になるパラメータの組合せを探索していきます。このようなアルゴリズムを**勾配降下法**といいます。

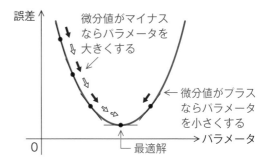

誤差

微分値がマイナスならパラメータを大きくする

微分値がプラスならパラメータを小さくする

パラメータ

0

最適解

3　最急降下法と確率的勾配降下法

　訓練データは何件もあるので、1件のデータに合わせてパラメータを最適化しても意味はありません。そこで、訓練データ全体の誤差を合計し、その勾配が小さくなるように、パラメータを調整していきます。この手法を**最急降下法**といいます。

　しかし、ディープラーニングでは訓練データが大規模になるため、最急降下法はあまり適していません。そこで、訓練データの中から一部をランダムに選び、それらの誤差の合計の勾配を用いる方法が採用されています。この手法を**確率的勾配降下法**（SGD：Stochastic Gradient Descent）といいます。

🔻覚える　勾配降下法の種類

最急降下法	学習データ全体の誤差の総和から勾配を求め、パラメータを更新する手法。
確率的勾配降下法（SGD）	ランダムに抜き出した学習データごとに勾配を求め、パラメータを逐次更新していく手法。

　パラメータを更新するタイミングでいうと、最急降下法は**バッチ学習**、確率的勾配降下法は**ミニバッチ学習**に相当します（68ページ）。

バッチ学習	訓練データ全体の誤差をもとにパラメータを更新
ミニバッチ学習	訓練データのサブセット単位の誤差をもとにパラメータを更新
オンライン学習	訓練データ1件の誤差をもとにパラメータを更新

4　勾配降下法の問題点

　勾配降下法は、パラメータを小刻みに動かしながら、勾配が最小になる点を探す手法でした。しかし、この方法では最適解が得られないケースが存在します。

　たとえば、次のような関数は、接線の傾きが0になる点が2か所あり、一方は本当の最小値（大域最適解）ではありません。

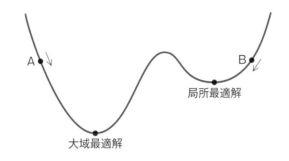

　上図の場合、A点からスタートすれば無事最小値が得られますが、運悪くB点からスタートすると、局所的な最小値（局所最適解）におちいってしまう可能性があります。

　これを防ぐには、パラメータを小刻みに動かす量を工夫します。最初のうちは、小さい谷は飛び越えてしまうくらい更新量を大きくし、本当の最適解に近づいたら更新量を小さくするという方法です。

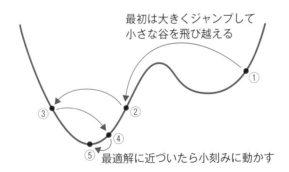

また、パラメータの数が多くなると、**鞍点**(あんてん)と呼ばれる地点が発生しやすくなります。鞍点とは、ある次元では最大なのに、ほかの次元では最小となるような地点で、周囲が平坦(へいたん)(**プラトー**)になるため、学習がすすみにくくなってしまいます。

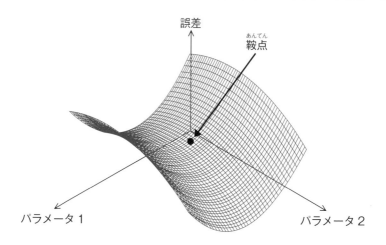

プラトーによる学習の停滞(ていたい)を防ぐための工夫としては、勾配降下法に慣性の考え方を加味した**モーメンタム**という手法があります。

> **モーメンタム法** 物理の"慣性"のように、前回の更新量を現在の更新量に反映させ、学習の停滞を防ぐ手法。

5 最適化アルゴリズム

1回の更新でパラメータを動かす量は、次のように**学習率**によって調整します。

> 調整後のパラメータ ＝ 調整前のパラメータ ＋ 学習率 × 誤差

学習率は0から1の範囲の実数で、値が大きいほど1回の変動が大きくなります。学習率を調整して局所最適解やプラトーを避ける**最適化アルゴリズム**としては、AdaGrad、AdaDelta、RMSprop、Adam、AdaBound、AMSBound などが知られています。

前ページの解答 ×(オンライン学習→バッチ学習)

▼覚える 主な最適化アルゴリズム

AdaGrad	学習率を自動的に調整する勾配降下法のアルゴリズム。
AdaDelta	AdaGrad を改良したアルゴリズム。
RMSprop	AdaDelta と同じく、AdaGrad を改良したアルゴリズム。
Adam	RMSprop にモーメンタム法の手法を加えたアルゴリズム。
AdaBound	Adam を改良したアルゴリズム。
AMSBound	AdaBound と同等の性能をもつアルゴリズム。

第4章 ディープラーニングの概要

6 重みの初期値

　パラメータの最適解は学習前にはわからないので、最初はランダムな値を設定しておいて、学習によって最適解に調整します。しかし、初期値が大きすぎたり小さすぎたりすると、最適解になかなかたどりつけないので、初期値についても工夫が必要です。

　ニューラルネットワークでは、**Xavier** の初期値と **He** の初期値がよく用いられています。一般に、活性化関数がシグモイド関数や tanh 関数に対しては Xavier の初期値、ReLU 関数に対しては He の初期値がよいとされています。

| **Xavier の初期値** | 平均 0、標準偏差 $\dfrac{1}{\sqrt{n}}$ の正規分布にしたがう乱数によって重みを設定。 |
| **He の初期値** | 平均 0、標準偏差 $\sqrt{\dfrac{2}{n}}$ の正規分布にしたがう乱数によって重みを設定。 |

※n：各層のユニット数

○か×か

一般に、学習率の値が小さすぎると収束するための時間が延びる。

頻出度

過学習については第3章でまとめましたが、ここではとくにディープラーニングで用いられている手法について説明します。

▼講師から一言

ドロップアウトや早期終了、正則化については頻繁に出題されているので、内容を理解しておきましょう。

キーワード ドロップアウト、早期終了、正則化、バッチ正規化

1 ドロップアウト

過学習とは、モデルが訓練データに過度に適応してしまい、未知のデータに対してかえって精度が下がってしまう現象です。ディープラーニングは複雑な問題にもきめ細かく対応できるため、過学習も発生しやすく、対策が重要になってきます。

過学習を防止するためのテクニックについては76ページでまとめて紹介しました。なかでもディープラーニングでよく使われているのが**ドロップアウト**です。

ドロップアウトでは、学習の繰り返し（エポック）ごとに、ニューラルネットワークのユニットをランダムに無効化して学習を行います。これにより、パラメータが訓練データに最適化され過ぎるのを全体として抑えます。

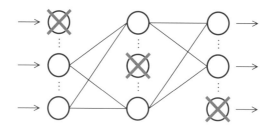

ドロップアウトを行うと、ネットワークの形が学習を繰り返すごとに変化するため、アンサンブル学習（45ページ）と同様の効果が期待できます。

2 早期終了 (early stopping)

早期終了は、過学習が発生する前に学習を打ち切ってしまう手法です。検証データによるテストで汎化誤差（74ページ）が連続して増加しはじめたら、それ以上学習をすすめても過学習になるだけなので、その直前の時点で学習を打ち切ったほうがよい結果が得られます。

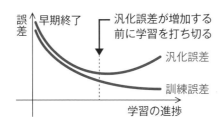

3 正則化

正則化は、重要でない特徴量が判定に影響を与えすぎないように、パラメータ（重み）に制限をかけて過学習を抑える手法です。具体的には、パラメータを最適化する際の計算に**正則化項**（ペナルティ項）と呼ばれる項を加え、パラメータの値に制限をかけます。

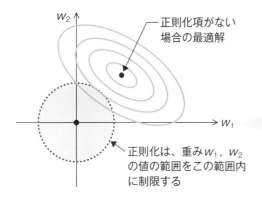

イメージしやすいように、パラメータをw_1とw_2の2つだけにした例。正則化では、パラメータの組合せが原点を中心とする図形の領域を超えないように制限する。図形の領域内で、誤差関数が最小となる点が最適解。

> **○か×か**
>
> 過学習を抑えるために、学習の際に一部のノードをランダムに無効化する手法を早期終了という。

解答は次ページ

正則化項には、L1ノルム、L2ノルムの2種類があります。これらを使った正則化を、それぞれ **L1正則化**、**L2正則化** といいます。

ノルムについては195ページを参照

L1ノルム：各重みの絶対値を足し合わせたもの

L2ノルム：各重みの2乗を足し合わせ、平方根（$\sqrt{\ }$）をとったもの

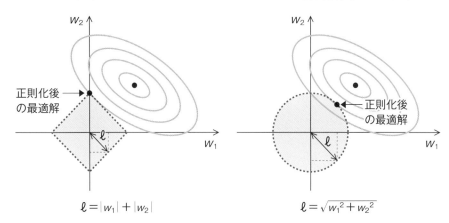

$$\ell = |w_1| + |w_2|$$

$$\ell = \sqrt{w_1{}^2 + w_2{}^2}$$

　L1正則化は、一方のパラメータを0にした点が図形の頂点になります。頂点は最適解になりやすいので、L1正則化は不要なパラメータを0にする作用があります。一方、L2正則化は重みが極端に大きくなりすぎないように変動を抑え、過学習を防ぎます。

> ○ memo
>
> 線形回帰にL1正則化を適用したものを **ラッソ回帰**、L2正則化を適用したものを **リッジ回帰** といいます。また、ラッソ回帰とリッジ回帰を組み合わせた **Elastic Net** という手法もあります。

　正則化項を加えると、汎化誤差のバリアンス（75ページ）が小さくなる一方、バイアスは大きくなります。一般に、バイアスとバリアンスはトレードオフの関係にあるので、両者のバランスをとりながら汎化誤差の少ないモデルを構築します。

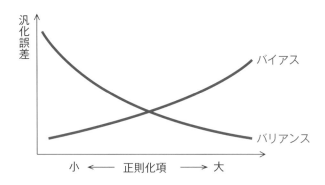

　前ページの解答 　×（早期終了→ドロップアウト）

4 バッチ正規化

バッチ正規化は、隠れ層に入力する値を、ミニバッチ単位で平均0、標準偏差1になるように正規化する手法です。**内部共変量シフト**（隠れ層の入力データの分布が学習のたびに大きく変動する現象）を緩和し、過学習の防止や学習効率をアップする効果があります。

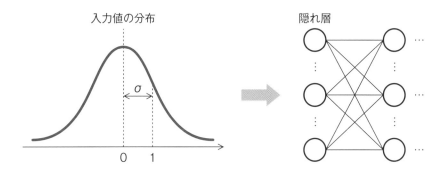

入力値の分布　　　　　　　　　　隠れ層

バッチ正規化は非常に効果の高い方法ですが、ミニバッチのサイズが小さいとデータの変動が大きくなり、学習が不安定になります。

練習ではヒット連発なのに、試合では三振ばかりなのが過学習。

> **○か×か**
>
> バッチ正規化とは、パラメータのノルムにペナルティを課すことで過学習を防止する手法である。

ディープラーニングと開発環境

07

ディープラーニングの実用化には、プロセッサの高性能化が必要です。ここではハードウェアの進歩について説明します。

頻出度

▼講師から一言

大容量データの処理が必要なディープラーニングには、CPU → GPU → GPGPU へとプロセッサの進歩が不可欠でした。

キーワード CPU、GPU、GPGPU、TPU、バーニーおじさんのルール、大容量データの単位（ペタ、エクサ、ゼッタ、ヨタ）、ディープラーニングのフレームワーク

1 ハードウェアの進歩

「ニューラルネットワークの隠れ層を深くする」というアイデア自体はかなり以前からありました。しかしディープラーニングは膨大な計算が必要になるため、実用化にはハードウェアの進歩が不可欠でした。

コンピュータには、CPU と GPU という、2種類の演算処理装置があります。

---

① CPU（Central Processing Unit）

与えられた命令を処理するコンピュータの中心的なプロセッサ（処理装置）。

> 例：Intel Core i シリーズ、Apple M1 など

---

② GPU（Graphics Processing Unit）

画像処理に関する演算を処理するプロセッサ。数千個の **ALU**（算術論理演算）を備え、大量の演算を並列に処理できます。

> 例：NVIDIA Tesla シリーズなど

前ページの解答 ×（バッチ正規化→正則化）

初期のコンピュータは画像処理も CPU が行っていましたが、コンピュータグラフィックスが高度になるにつれ GPU が独立し、高性能化しました。このことがディープラーニングの実用化につながります。ディープラーニングで行う大量の行列やベクトルの演算を、GPU に受け持たせることができるようになったからです。

③ GPGPU

GPU はもともと画像処理専用のプロセッサですが、これをディープラーニングなど画像処理以外の分野で利用する技術を **GPGPU**（General-Purpose computing on GPU）といいます。とくに、NVIDIA の GPU を利用した GPGPU は広く普及しています。

> ポイント GPGPU により、ディープラーニングの膨大な計算を GPU で処理ができるようなった。

このほか、テンソル（行列やベクトル）演算に特化したディープラーニング用プロセッサとして、Google の開発した **TPU**（Tensor Processing Unit）があります。

2 ディープラーニングのデータ量

ディープラーニングにおける学習とは、ニューラルネットワーク上のパラメータ（重みやバイアス）を最適化していく作業です。パラメータの数は隠れ層が深くなるほど増えていきます。

たとえば、畳み込みニューラルネットワークの手法のひとつである AlexNet（134 ページ）の場合、パラメータ数は 6,000 万個にのぼります。これらをすべて最適化するのに、どれくらいの訓練データを用意すればよいでしょうか？

データ量の目安として、「**バーニーおじさんのルール**」と呼ばれる経験則があ

> **○か×か**
> 画像処理に関する演算を高速に処理するための専用プロセッサを TPU という。

ります。このルールは、モデルのパラメータ数に対して、最低限その10倍の訓練データが必要であるというものです。

6,000万の10倍というと6億個です。6億個の訓練データを用意するのはさすがに現実的ではないので、訓練データが少なくて済む工夫が必要となります。

3 大容量データの単位

メモリやハードディスクなどの容量の単位としては、メガバイト（MB）、ギガバイト（GB）、テラバイト（TB）などがよく使われます。ディープラーニングではさらに大容量のデータを扱う場合もあるので、大容量データの単位を覚えておきましょう。

▼覚える 大容量データの単位

キロバイト（KB）	1,000 バイト	$(=10^3)$
メガバイト（MB）	1,000,000 バイト	$(=10^6)$
ギガバイト（GB）	1,000,000,000 バイト	$(=10^9)$
テラバイト（TB）	1,000,000,000,000 バイト	$(=10^{12})$
ペタバイト（PB）	1,000,000,000,000,000 バイト	$(=10^{15})$
エクサバイト（EB）	1,000,000,000,000,000,000 バイト	$(=10^{18})$
ゼッタバイト（ZB）	1,000,000,000,000,000,000,000 バイト	$(=10^{21})$
ヨタバイト（YB）	1,000,000,000,000,000,000,000,000 バイト	$(=10^{24})$

4 ディープラーニングのフレームワーク

ディープラーニングで新たにモデルを作成する場合には、すべてをイチからつくるのではなく、既成のひな形を問題に合わせてカスタマイズします。このひな形を**フレームワーク**といいます。

前ページの解答 ×（TPU → GPU）

代表的なディープラーニングのフレームワークには、以下のものがあります。

🔽覚える 代表的なディープラーニングのフレームワーク

TensorFlow	Google が開発したディープラーニング用のフレームワーク。
PyTorch	Facebook が開発したディープラーニング用のフレームワーク。
Chainer	日本の Preferred Networks が開発したディープラーニング用フレームワーク。
Keras	TensorFlowをより簡単に利用するための初心者向けのフレームワーク。
Caffe	カリフォルニア大学バークレー校で開発されたディープラーニング用のフレームワーク。
OpenAI Gym	非営利団体OpenAIがオープンソースで提供している強化学習用プラットフォーム。

フレームワークには、**define-and-run** と **define-by-run** という2つの方式があります。どちらにも一長一短がありますが、主流はdefine-and-runからdefine-by-runに移っています。

┌ ネットワークに沿った計算の流れを定義したもの

define-and-run	計算グラフを静的に構築し、データを流して学習する方式 ➡TensorFlow、Keras、Caffe
define-by-run	データを流して学習をすすめながら、計算グラフを動的に構築する方式 ➡Chainer、PyTorch、TensorFlow (version 2)

◯か×か

define-and-run は計算グラフを動的に構築し、define-by-run は計算グラフを静的に構築するフレームワークの方式である。

5 エコシステムの利用

　ディープラーニングの技術は日々更新されていきます。インターネットには技術者向けの無償のサービスがいくつか存在し、最新の動向をキャッチアップすることができます。

arXiv （アーカイブ）	研究論文の公開・閲覧サイト
Google Scholar （グーグル・スカラー）	Web 上の学術論文の検索サービス
Coursera （コーセラ）	大学の授業の無料公開
Stack Overflow （スタックオーバーフロー）	利用者同士が IT 技術に関する質問と回答を行うコミュニティサービス
Kaggle （カグル）	投稿された課題に対して、最適な予測モデルや分析手法を競い合うプラットフォーム
GitHub （ギットハブ）	ソースコードのホスティングサービス

　前ページの解答　×（define-and-run ＝静的、define-by-run ＝動的）

確認問題

次の文章の▢▢▢▢内に入る適切な語句を答えなさい。

解 答

❶ニューロンによるネットワークである脳の構造をモデルにした機械学習の手法を▢▢▢という。

❶ ニューラルネットワーク（82ページ）

❷ニューラルネットワークでは、入力（前の層の出力）に▢▢▢を掛けた値の総和に▢▢▢を加え、この値を▢▢▢によって変換して出力（次の層への入力）とする。

❷ 重み、バイアス、活性化関数（84ページ）

❸入力層と出力層の2つの層を用いてモデル化したニューラルネットワークを▢▢▢という。

❸ 単純パーセプトロン（87ページ）

❹入力層、隠れ層、出力層による順伝播型のニューラルネットワークを▢▢▢という。

❹ 多層パーセプトロン（85ページ）

❺ディープラーニングは、多層パーセプトロンの▢▢▢を2層以上に多層化したモデルである。

❺ 隠れ層（85、86ページ）

❻ニューラルネットワークの初期に考案された単純パーセプトロンは、マービン・ミンスキーとシーモア・パパートの共著『パーセプトロン』（1969年）において、▢▢▢でない問題に対処できないことが指摘された。

❻ 線形分離可能（87、88ページ）

❼出力と正解との間の誤差が小さくなるように、出力層から隠れ層へとさかのぼって各ユニットの重みを修正していく手法を▢▢▢という。

❼ 誤差逆伝播法（88ページ）

❽ニューラルネットワークにおいて、層をさかのぼるごとに修正すべき誤差が小さくなり、重みを修正できなくなる問題を▢▢▢という。

❽ 勾配消失問題（88ページ）

❾可視層と、それより次元の少ない隠れ層の2層からなり、可視層→隠れ層→可視層の順にデータを伝播させるネットワークを[　　　]という。

❿オートエンコーダの隠れ層の出力を別のオートエンコーダの入力として、複数のオートエンコーダを重ねたネットワークを[　　　]という。

⓫積層オートエンコーダにおいて、オートエンコーダの学習を1つずつ順に進める手法を[　　　]といい、最後にネットワーク全体のパラメータを調整することを[　　　]という。

⓬ジェフリー・ヒントンが考案した、ネットワークの動作に熱力学の概念を取り入れたモデルを[　　　]という。

⓭オートエンコーダと同じく入力層と隠れ層からなり、同じ層のユニット同士の結合をもたないボルツマンマシンを[　　　]といい、これを複数積み重ねたネットワークを[　　　]という。

⓮入力値に応じて0～1の値を出力する関数で、主に2値分類の出力として用いられる活性化関数は[　　　]である。

⓯主に多クラス分類の出力として用いられ、すべての出力値の合計が1になるように設計されている活性化関数は[　　　]である。

⓰入力値と同じ値を出力し、回帰問題の出力に用いられる活性化関数は[　　　]である。

⓱入力値に応じて−1～1の値を出力する関数で、シグモイド関数と比較して勾配消失が生じにくい活性化関数は[　　　]である。

⓲入力値が0以下の場合は0を出力し、0より大きい場合は入力値をそのまま出力する関数は[　　　]である。

❶⓽ニューラルネットワークにおける学習とは、□□□□の値を最小化するパラメータを求めることといえる。

❷⓪回帰問題の誤差関数には、主に予測値と正解値の差を2乗した値の平均である□□□□が用いられる。

❷❶分類問題の誤差関数には、予測値の自然対数と正解値との積の総和から求める□□□□が用いられる。

❷❷学習データ全体の誤差の総和を求め、その勾配が最小になるようにパラメータを更新する手法を□□□□という。

❷❸学習データをランダムに抜き出して勾配を求め、パラメータを逐次更新していく手法を□□□□という。

❷❹プラトーによる学習の停滞を防ぐ手法として、物理学の慣性のように、前回の更新量に応じて現在の更新量を調整する手法を□□□□という。

❷❺勾配降下法の最適化アルゴリズムのうち、RMSPropにモーメンタム法の手法を取り入れた手法は□□□□である。

❷❻ニューラルネットワークのパラメータに設定する初期値としては、□□□□の初期値や□□□□の初期値がよく用いられる。

❷❼過学習を防止するために、ネットワークの一部のユニットをランダムに無効化して学習をすすめる手法を□□□□という。

❷❽過学習を防止するために、汎化誤差が減少しなくなってきた時点で学習を打ち切る手法を□□□□という。

❶⓽ 損失関数（誤差関数）
（98ページ）

❷⓪ 平均二乗誤差
（98ページ）

❷❶ 交差エントロピー誤差（98ページ）

❷❷ 最急降下法
（100ページ）

❷❸ 確率的勾配降下法
（100ページ）

❷❹ モーメンタム法
（102ページ）

❷❺ Adam
（103ページ）

❷❻ Xavier、He
（103ページ）

❷❼ ドロップアウト
（104ページ）

❷❽ 早期終了
（105ページ）

❷❾過学習を防止するために、パラメータのノルムにペナルティを課す手法を□□□□という。ノルムには、パラメータの絶対値を足し合わせた□□□□と、パラメータの２乗を足し合わせ、平方根（√）をとった□□□□がある。

❸⓪隠れ層に入力する値を、ミニバッチ単位で平均０、標準偏差１になるように正規化する手法を□□□□とい、過学習の防止に効果がある。

❸❶数千個の ALU（算術論理演算）を備え、大量の演算を並列に処理できる画像処理用のプロセッサを□□□□という。

❸❷画像処理専用のプロセッサを、ディープラーニングなどの画像処理以外の分野で利用する技術を□□□□という。

❸❸Google が開発した□□□□は、数万個の ALU を集約し、ディープラーニングの計算に特化した行列演算専用のプロセッサである。

❸❹データ容量の単位を小さいものから順に並べると、1KB（キロバイト）→ 1MB（メガバイト）→ 1GB（ギガバイト）→ 1TB（テラバイト）→ □□□□ → □□□□ → □□□□ → □□□□。

❸❺PyTorch や TensorFlow（version2）などのフレームワークでは、計算グラフを動的に構築していく□□□□という方式が採用されている。

❷❾正則化、L1ノルム、L2ノルム（105、106ページ）

❸⓪バッチ正規化（107ページ）

❸❶GPU（108ページ）

❸❷GPGPU（109ページ）

❸❸TPU（109ページ）

❸❹1PB（ペタバイト）、1EB（エクサバイト）、1ZB（ゼッタバイト）、1YB（ヨタバイト）（110ページ）

❸❺define-by-run（111ページ）

第 5 章

ディープラーニング
の手法

01 畳み込みニューラルネットワーク (CNN)

畳み込みニューラルネットワーク (CNN) は、とくに画像処理分野で利用されるニューラルネットワークのモデルです。

▼ 講師から一言

畳み込み層やプーリング層での演算手順を理解しておきましょう。

キーワード 畳み込みニューラルネットワーク (CNN)、畳み込み層、プーリング層、移動不変性、カーネル、特徴マップ、チャンネル数、ストライド、パディング、ダウンサンプリング、マックスプーリング、アベレージプーリング、全結合層、グローバルアベレージプーリング (GAP)

1 畳み込みニューラルネットワークの概要

畳み込みニューラルネットワーク (**CNN**: Convolutional Neural Network) は、とくに画像データの処理に優れたニューラルネットワークです。

画像データは、**ピクセル** (画素) を縦横に配列した 2 次元のデータで、ピクセル同士の上下左右の関係が重要になります。畳み込みニューラルネットワークは、データを 2 次元のまま入力できるモデルとして考案されました。

畳み込みニューラルネットワークの隠れ層は、**畳み込み層**と**プーリング層**によって構成されています。通常のニューラルネットワークは、1 つの層の各ユニットが次の層の全ユニットと結合していますが、畳み込み層やプーリング層の各ユニットは、次の層の決まったユニットとのみ結合しているのが特徴です。

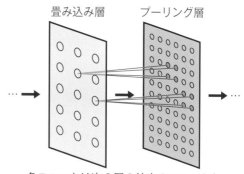

畳み込み層　　　プーリング層

各ユニットは次の層の特定のユニットとのみ接続する

畳み込み層では、入力された画像から特徴を抽出した新たな画像を出力します。一方プーリング層では、一定の演算を行って画像を縮小（**ダウンサンプリング**）します（122ページ）。

　畳み込みニューラルネットワークでは、畳み込み層とプーリング層を複数重ねた後、最後に**全結合層**（通常のニューラルネットワーク）と接続して、値を出力します。

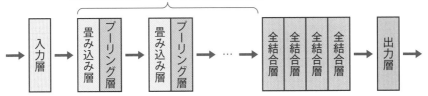

畳み込み層とプーリング層を複数重ねる

　畳み込みニューラルネットワークは、局所的な特徴を抽出することで、物体が画像内のどの位置にあっても認識できます。位置のずれに強いこのような性質を**移動不変性**といいます。畳み込みニューラルネットワークは移動不変性は備えていますが、回転や拡大・縮小に対する不変性はそれほどありません。

2 畳み込み層

　畳み込み層では、**カーネル**と呼ばれるフィルタを使って、画像から特徴を抽出します。この操作を**畳み込み**（convolution）といいます。

　例として、次のような5×5の画像と3×3のカーネル（フィルタ）があったとしましょう。

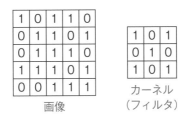

画像

カーネル
（フィルタ）

▶**○か×か**

畳み込みニューラルネットワークは移動不変性と回転不変性を備えているため、画像認識において高い精度を得ることができる。

解答は次ページ　119

まず、画像の左上にカーネルを重ねて、画像の各ピクセルの値に対応するカーネルの値を掛け、その合計を求めます。

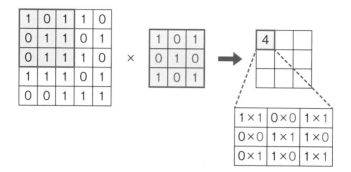

　次に、カーネルを1マスずらして、同じ計算を行います。この操作を繰り返すと、3×3の新たな画像データができます。この新たな画像データを**特徴マップ**といいます。

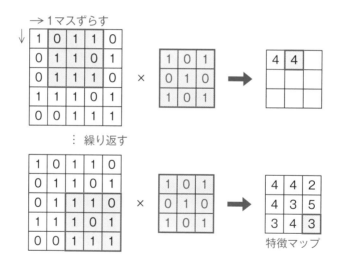

特徴マップ

　この操作は、通常のニューラルネットワークの各ユニットで入力値に重みを掛けて合計する操作にあたります。重みに相当するカーネルの各ピクセルの値は、学習によって変動します。また、カーネルは実際には1つではなく複数用意して、画像から複数の特徴を抽出します。1つの畳み込み層からは、カーネルの枚数分の特徴マップができます。この数を**チャンネル数**といいます。

　前ページの解答　×（移動不変性はあるが回転不変性は備えていない）

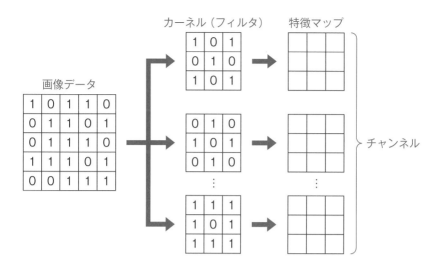

カーネル（フィルタ）　特徴マップ

画像データ

チャンネル

ストライドとパディング　上の例ではカーネルを1マスずつスライドさせましたが、スライドさせる量を**ストライド**といいます。ストライドを増やすと、特徴マップはより小さくなります。

ストライドを2にした場合

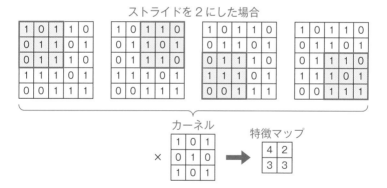

カーネル　　特徴マップ

×

また、特徴マップの大きさを調整するには、元画像の周囲を0で埋める方法もあります。この操作を**パディング**といいます。パディングは、元画像の端の特徴を抽出したい場合にも有効です。

> **○か×か**
>
> 7×7の入力画像に対し、3×3のカーネルをストライド2で畳み込み演算すると、出力される特徴マップのサイズは5×5になる。

1枚のカーネルのサイズやチャンネル数、ストライドの量、パディングの有無は、事前に設定しておくハイパーパラメータ（69ページ）となります。

3　プーリング層

　プーリング層は、畳み込み層で出力した特徴マップを縮小します。この操作を**ダウンサンプリング**といいます。

　プーリングの操作には学習の要素はなく、決められた演算を機械的に実行するだけです。代表的なものに、**マックスプーリング**と**アベレージプーリング**があります。

①マックスプーリング（max プーリング）

　特徴マップ上にカーネルをスライドさせ、各区画の最大値を抽出します。

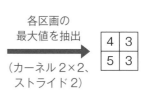

②アベレージプーリング（avg プーリング）

　特徴マップ上にカーネルをスライドさせ、各区画の平均値を抽出します。

4　全結合層

　畳み込み層によって抽出された特徴マップの画素を、通常のニューラルネットワークに入力し、課題に応じた答えを出力します。この部分を**全結合層**といいます。

　前ページの解答　× （5 × 5 → 3 × 3）

たとえば、画像に映っている動物がネコかどうかを識別するモデルなら、最終的な出力値はシグモイド関数を使い、画像がネコかどうかを0～1の確率で表します。

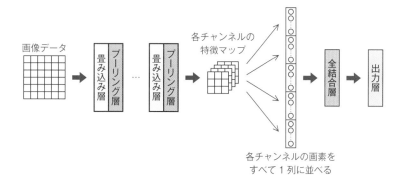

5　グローバルアベレージプーリング（GAP）

　最近では全結合層を何層も重ねる代わりに、出力されたチャンネルごとの特徴マップの平均値を求める方法も採用されています。この操作を**グローバルアベレージプーリング（GAP）**といいます。

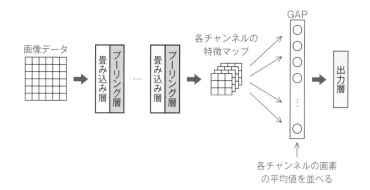

　GAPを用いると、特徴マップをそのまま全結合層に入力するより、学習するパラメータの個数が少なくて済み、過学習を防ぐ効果があります。

○か×か

適用したカーネル内の最大値を代表値として出力するプーリング演算をアベレージプーリングという。

---

02 リカレントニューラル ネットワーク (RNN)

頻出度

リカレントニューラルネットワーク (RNN) は、とくに時系列データでよく利用されるニューラルネットワークのモデルです。

▼講師から一言

リカレントニューラルネットワーク (RNN) や LSTM、GRU の構造を把握しましょう。**教師強制についてもよく出題されます。**

キーワード リカレントニューラルネットワーク (RNN)、BPTT、LSTM、GRU、双方向 RNN、RNN Encoder-Decoder、Seq2Seq、教師強制

1 時系列データの扱い

　観測された値を時間の変化によって配列したデータを、**時系列データ**といいます。たとえば株価の値動きや気温の変化、人口の増減などは時間の経過によって変動し、その動きにはあるパターンがあります。

　ニューラルネットワークで時系列データのパターンを読み取るには、データを時系列に沿って入力し、データの前後関係や時間による変化を学習できなければなりません。また予測値を出力するには、学習によって得たパターンを特徴量として予測値に反映させる仕組みが必要です。

　そこで考案されたのが、**リカレントニューラルネットワーク (RNN**：Recurrent Neural Network) です。

　リカレントニューラルネットワークは、時系列データ以外に自然言語処理 (143 ページ) にもよく使われています。言葉は前後の単語や語順によって意味が変わるため、データの前後関係の情報が不可欠だからです。

2 リカレントニューラルネットワークの概要

　リカレントニューラルネットワーク (RNN) は、隠れ層への入力として、入力データ以外にその隠れ層の以前の出力を受け取るようにしたモデルです。データを時間軸に沿って入力すると、現在の入力データに加えて、過去のデータの特徴

　前ページの解答 ×（アベレージプーリング→マックスプーリング）

を受け取ることができます。

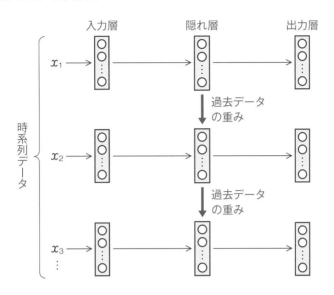

リカレントニューラルネットワークの隠れ層が受け取るのは、「自分自身の過去の出力」なので、次のように**再帰的**（**リカレント**）に表現できます。

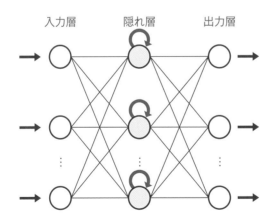

パラメータ（重み）の更新は、通常のニューラルネットワークと同様に誤差逆

解答は次ページ　125

◯か×か

リカレントニューラルネットワーク（RNN）は、内部に再帰構造を持つことによって時系列データを扱うことができるが、自然言語処理に用いることはできない。

伝播法（バックプロパゲーション）が用いられます。ただしリカレントニューラルネットワークでは、現在のパラメータ以外に、過去のパラメータについてもさかのぼって更新しなければなりません。このようなパラメータ更新の手法をBPTT（Backpropagation Through Time）といいます。

3 LSTM

　リカレントニューラルネットワークのBPTTでは、過去の出力にさかのぼって重みを更新するため、勾配消失（88ページ）が起こりやすいという問題が生じます。

　また、過去の出力が「現時点のデータへの影響は小さい（重み→小）」が、「未来のデータに与える影響は大きい（重み→大）」という場合、重みの設定に矛盾が生じます（**重み衝突**）。

　こうした問題を回避するために考案されたのが**LSTM**（Long Short-Term Memory）です。

　LSTMでは、隠れ層のユニットにLSTMブロックと呼ばれる機構を導入し、時系列情報を保持します。

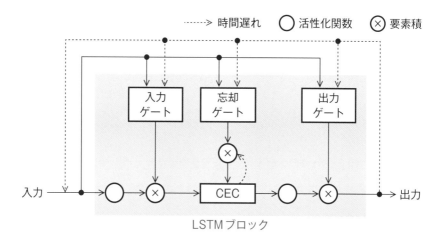

LSTMブロック

　CEC（Constant Error Carousel）はセルとも呼ばれ、誤差を内部にとどめて勾配消失を防ぎます。また、**入力ゲート**と**出力ゲート**はそれぞれ入力重み衝突と出力重み衝突に対応し、**忘却ゲート**は過剰な誤差をリセットする役割をもちます。

　前ページの解答　×（自然言語処理にも用いられる）

4　GRU

　LSTM は、セルやゲートを最適化するために計算量が多くなります。**GRU**（Gated Recurrent Unit）は、LSTM のゲートの数を減らして計算量を削減したものです。

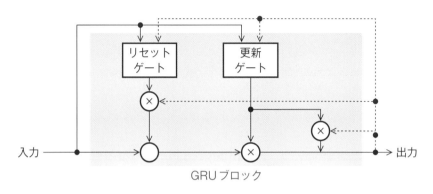

GRU ブロック

5　双方向 RNN

　時系列データを過去→未来の方向だけでなく、未来→過去の方向にも学習できるようにしたモデルを、**双方向リカレントニューラルネットワーク（双方向RNN）** または **Bidirectional RNN**（BiRNN）といいます。双方向にすることで精度の向上が期待できます。

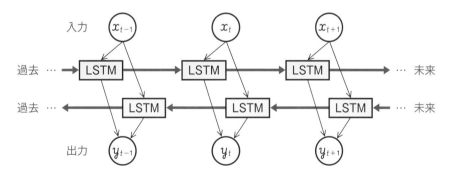

〇か×か

LSTM には、リセットゲートと更新ゲートがある。

図のように、「過去→未来」方向の層と「未来→過去」方向の層は直接には接続せず、出力時に統合されます。

6 RNN Encoder-Decoder

これまでみてきたリカレントニューラルネットワークは、いずれも時系列データを入力し、ある時点の予測値を出力します。これに対し、入力も出力も時系列データである場合を **Seq2Seq**（sequence to sequence）といいます。自然言語処理の分野では、入力された英文を日本語に翻訳するといった処理に Seq2Seq が使われます（150 ページ）。

Seq2Seq を実現するモデルとしては、2 つの RNN を組み合せた **RNN Encoder-Decoder** があります。

RNN Encoder-Decoder は、その名のとおりエンコーダとデコーダの 2 つの RNN で構成されています。エンコーダは時系列の入力データを受け取り、それを**固定長**のベクトルに変換します。デコーダは固定長のベクトルを時系列の出力に変換します。

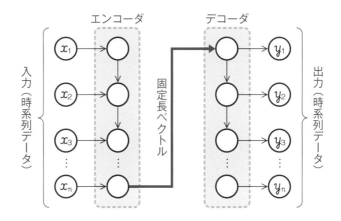

デコーダの学習では、時系列のある時点のデータを入力すると、その次の時点のデータが予測値として出力されるように訓練をすすめます。

訓練時には、前の時点で出力された予測値を次の入力データにする手法と、前の時点の正解データを次の入力データにする手法があり、後者の手法を**教師強制**（teacher forcing）といいます。

一般に、教師強制のほうが学習が安定し収束が早くなるといわれています。

前ページの解答 ×（リセットゲート、更新ゲートは GRU の構成要素）

03 深層生成モデルと深層強化学習

ディープラーニングを生成モデルや強化学習に活用した手法について説明します。

▼講師から一言

生成モデルでは GAN（敵対的生成ネットワーク）の仕組みを理解しておきましょう。深層強化学習では DQN や DeepMind 社の「アルファ碁」などのプログラムについてよく出題されています。

キーワード 深層生成モデル、VAE（変分オートエンコーダ）、GAN（敵対的生成ネットワーク）、ジェネレータ、ディスクリミネータ、DCGAN、深層強化学習、ディープ Q ネットワーク（DQN）、アルファ碁、アルファ碁ゼロ、アルファスター

1 深層生成モデル

　これまでに説明した機械学習のモデルは、画像や時系列データといった入力データに対して、何らかの答えを出力するものがほとんどでした。一方、何もないところから、画像などのデータを新たに生成するモデルも考案されています。このようなモデルを**生成モデル**（generative model）といいます。たとえば画像を生成する生成モデルは、学習段階で訓練データから画像がもつデータの分布を学習し、それにもとづいて新しい画像を生成します。

　とくに、ディープラーニングの手法を取り入れた生成モデルを**深層生成モデル**といい、代表的なものに次の2つがあります。

◀覚える 代表的な深層生成モデル

VAE（変分オートエンコーダ）
GAN（敵対的生成ネットワーク）

○か×か

教師強制（teacher forcing）は、RNN の訓練の際に1時刻前の出力データを現時点の入力として用いる手法である。

VAE は、オートエンコーダ（90 ページ）を利用した深層生成モデルです。

GAN は、**生成器**（generator）と**識別器**（discriminator）で構成される生成モデルです。

生成器	ランダムノイズを入力し、ノイズにもとづいた画像データを新たに生成する。
識別器	生成器が生成した画像の真偽を判別する。

生成器は、識別器が本物と区別できないような偽画像を生成できるように学習をすすめ、識別器は画像の真偽を見分けられるように学習をすすめます。「敵対的生成ネットワーク」という名前のとおり、両者を競い合わせることで、より精巧な画像を生成できるように訓練します。

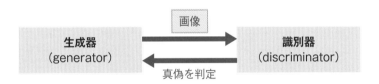

GAN に畳み込みニューラルネットワークを用いたモデルを **DCGAN**（Deep Convolutional GAN）といい、高度な画像生成が可能となっています。

2 深層強化学習

ディープラーニングは強化学習（51 ページ）の分野にも活用されています。強化学習にディープラーニングの手法を取り入れた手法を、**深層強化学習**といいます。

深層強化学習の代表的な手法に、**DeepMind 社**が 2015 年に発表した**ディープ Q ネットワーク（DQN）**があります。DQN は、強化学習の手法のひとつである Q 学習（57 ページ）に、畳み込みニューラルネットワーク（CNN）を組み込んだ

ものです（行動価値関数の関数近似を CNN で求めます）。

　また、DQN を発展させた手法に、Double DQN、Dueling Network、ノイジーネットワーク、Rainbow などがあります。

深層強化学習の主な手法

> **ディープ Q ネットワーク（DQN）**
> **Double DQN**
> **Dueling Network**
> **ノイジーネットワーク**
> **Rainbow**

　2015 年には、深層強化学習を組み込んだ DeepMind 社の囲碁プログラム「アルファ碁」が、コンピュータとしてはじめてプロ棋士に勝利しました。チェスや将棋と比べると囲碁は圧倒的に手数が多く、この結果は画期的でした。
　「アルファ碁」はその後も発展を続けています。

▼覚える DeepMind 社による深層強化学習の進展

名称	発表年	説明
アルファ碁 （AlphaGo）	2015 年	史上はじめてプロ棋士に勝利した囲碁プログラム。次の手を決定するのに**モンテカルロ木探索**を用いる。
アルファ碁ゼロ （AlphaGoZero）	2017 年	アルファ碁の改良版。棋譜を必要とせず、自己対局のみで学習をすすめる。
アルファスター （AlphaStar）	2019 年	ビデオゲーム「スタークラフト 2」をプレーするコンピュータプログラム。

> ⃝**か×か**
>
> 敵対的生成ネットワーク（GAN）において、ランダムノイズから画像を生成するモデルを識別器といい、生成された画像の真偽を判定するモデルを生成器という。

04 画像認識分野

ディープラーニングの応用事例として注目を集める画像認識分野の代表的な手法を説明します。

▼講師から一言

画像認識分野には、入力画像を識別する画像認識のほか、一般物体検出、画像セグメンテーションがあります。それぞれの代表的なモデルの概要を知っておきましょう。

キーワード ネオコグニトロン、LeNet、AlexNet、ILSVRC、VGGNet、GoogLeNet、ResNet、DenseNet、MobileNet、EfficientNet、HOG 特 徴 量、R-CNN、Fast R-CNN、Faster R-CNN、YOLO、SSD、セマンティックセグメンテーション、インスタンスセグメンテーション、完全畳み込みネットワーク、セグネット、U-Net、PSPNet、DeepLab、Mask R-CNN、マルチタスク学習、姿勢推定、OpenPose

1 画像認識のモデル

前章（118 ページ）で説明したように、**画像認識**には畳み込みニューラルネットワーク（CNN）が用いられています。CNN を用いたモデルの進展をたどってみましょう。

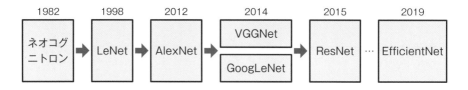

①ネオコグニトロン

福島邦彦が 1982 年に発表した**ネオコグニトロン**は、畳み込みニューラルネットワーク（CNN）のもとになったモデルです。

ネオコグニトロンは、画像の特徴を抽出する **S 細胞層**（単純型細胞）と、位置

前ページの解答 ×（生成器と識別器が逆）

ずれを許容する **C 細胞層**（複雑型細胞）を交互に接続し、人間の脳の視覚野の働きを再現しています。CNN では、S 細胞層が畳み込み層、C 細胞層がプーリング層に相当します。

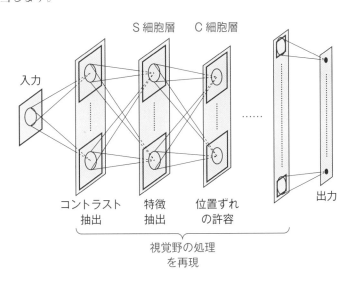

S 細胞層　　C 細胞層

入力

コントラスト　　特徴　　位置ずれ
抽出　　　　　抽出　　の許容

視覚野の処理
を再現

出力

② LeNet

1998 年にヤン・ルカンが発表した **LeNet** は、畳み込み層とプーリング層を交互に組み合わせたもので、現在の畳み込みニューラルネットワーク（CNN）の原型となりました。

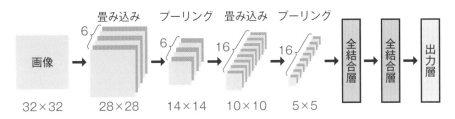

　　　　　畳み込み　プーリング　畳み込み　プーリング

画像

32×32　　　28×28　　　14×14　　　10×10　　　5×5

全結合層　全結合層　出力層

○か×か

福島邦彦が考案したネオコグニトロンは、特徴抽出を行う S 細胞層と、位置ずれを許容する C 細胞層によって構成され、現在の畳み込みニューラルネットワークの原型となった。

③ AlexNet

2012年の**ILSVRC**（画像認識の精度を競うコンテスト）で、トロント大学のチームが圧倒的な成績を収めて優勝しました。このとき使われたモデルが**AlexNet**（アレックスネット）です。

AlexNetは図のように5層の畳み込み層と3層の全結合層によって構成される畳み込みニューラルネットワークです。従来のサポートベクトルマシンを大幅に上回る精度を実現し、ディープラーニングが注目を集めるきっかけとなりました。

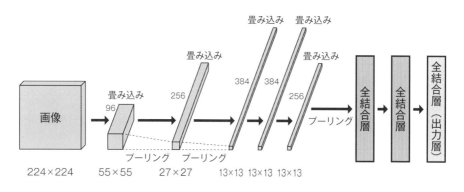

④ VGGNet

VGGNetは、2014年のILSVRCで準優勝したオックスフォード大学のチームが使用したモデルです。精度向上のため、AlexNetのネットワークをより深くしたもので、16層のVGG16や19層のVGG19があります。

⑤ GoogLeNet

GoogLeNetは、2014年のILSVRCで優勝したGoogle社のチームが使用したモデルです。複数の畳み込み層を並列に接続した**インセプションモジュール**を積み重ね、22層のネットワークを実現しています。

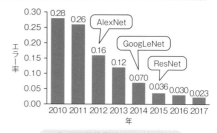

ILSVRC歴代優勝モデルの性能

⑥ ResNet

2015 年の ILSVRC で優勝した Microsoft 社の
チームが使用したモデルが **ResNet** です。層を
飛び越えて結合する**スキップコネクション**と呼
ばれる構造が特徴で、画像認識の精度は人間と
変わりないまでに向上しました。

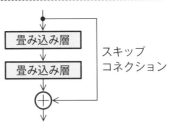

ResNet の派生のモデルに、カーネル数を増やし
た **Wide ResNet** や、スキップコネクションを改良した **DenseNet** があります。

⑦ MobileNet

2017 年に Google 社が発表した **MobileNet**
は、Depthwise Separable Convolution（深さ
ごとに分離可能な畳み込み）という手法によっ
て計算量を削減し、スマートフォンなどでも
利用できるように軽量化したモデルです。

○ memo

Depthwise 畳み込み
チャンネルごとに空間方向の計算
のみを行う畳み込み演算。画像 1
チャンネルにフィルタが 1 枚だけ
となり、パラメータが大幅に削減
されます。

⑧ EfficientNet

EfficentNet は、2019 年に Google 社が発表したモデルです。ネットワーク
の幅・深さ・解像度を 1 つの**複合係数**によって調整することで、従来と比較して
少ないパラメータ数で高い精度を実現しているのが特徴です。

2 一般物体検出

画像に写っている物体を検出する技術を**一般物体検出**といいます。一般物体検
出は、①物体が映っている領域を四角形（**バウンディングボックス**）で囲む、②領
域内の物体をカテゴリに分類する、という 2 つの作業で構成されます。

○か×か

代表的な畳み込みニューラルネットワークのモデルを発表された年代順に並べる
と、LeNet、GoogLeNet、AlexNet、ResNet である。

第5章　ディープラーニングの手法

一般物体検出の代表的な手法には、以下のものがあります。

HOG（Histograms of Oriented Gradients）**特徴量**とは、画像の局所領域における輝度の勾配方向ごとの強度の分布です。初期の物体検知アルゴリズムでは、画像から HOG 特徴量を算出し、それをサポートベクトルマシン（SVM）に入力してカテゴリに分類していました。

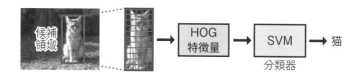

R-CNN（Regional CNN）は、物体検出に畳み込みニューラルネットワーク（CNN）を用いたモデルです

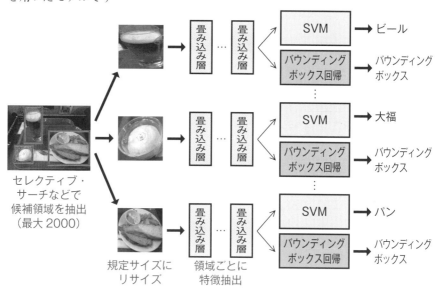

R-CNNではまず、セレクティブ・サーチと呼ばれる手法を使って、物体が含まれていると思われる候補領域を抽出します。次に、これらの候補領域の画像を規

定のサイズにして1つずつCNNに入力して特徴マップを出力します。この特徴マップをサポートベクトルマシン（SVM）に入力し、物体をカテゴリに分類します。

③ Fast R-CNN、Faster R-CNN

R-CNNでは、画像から切り出した候補領域の数だけCNNの処理を行うため、実行時間がかかるという問題がありました。

そこで、はじめに画像全体を1回だけCNNに入力して画像全体の特徴マップを出力し、そこから候補領域に合わせた特徴マップを選択する方式が考案されました。この手法を **Fast R-CNN** といいます。

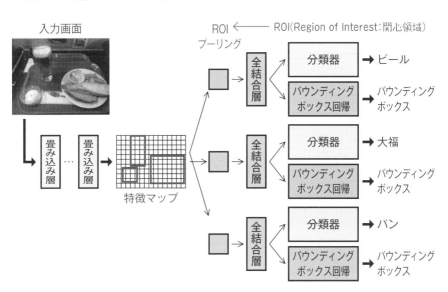

Fast R-CNNで、画像全体の特徴マップから候補領域を切り出し、それを固定サイズの特徴マップに変換します。この操作を **ROIプーリング** といいます。

ROIプーリングでは、候補領域を決められた数の小領域に区切り、マックスプーリング（122ページ）を行って固定サイズの特徴マップをつくります。

○か×か

R-CNNでは、まずはじめに入力画像を畳み込みニューラルネットワーク（CNN）にかけて特徴マップを出力してから、その中に含まれる候補領域を選択する。

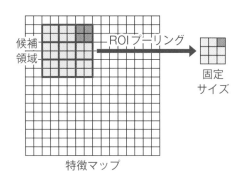

候補領域

ROIプーリング

固定サイズ

特徴マップ

Fast R-CNN では候補領域の抽出にはセレクティブ・サーチを利用しますが、これを CNN に置き換えたのが **Faster R-CNN** です。これにより、Faster R-CNN では画像入力から物体の分類までを単一のモデルで実行する **End-to-End**（端から端まで）の物体検出が可能になりました。

---

④ YOLO

これまでの一般物体検知の手法は、はじめに物体が写っている候補領域を決めてから、それが何であるかを予測するアプローチをとっていました。これに対し、**YOLO** は画像全体を 1 回 CNN に入力するだけで物体の認識と領域の切り出しを同時に実行し、End-to-End の高速な物体検知を実現しています。　YOLOはYou Only Look Onceの略

YOLO は、画像全体をあらかじめ小さなグリッド領域に分割し、各領域ごとにバウンディングボックスの有無や信頼度を検出します。

---

⑤ SSD

SSD は Single Shot Multi-box Detector の略で、YOLO と同様に物体の認識と領域の切り出しを同時に実行する End-to-End な一般物体検知の手法です。様々なスケールの特徴マップを用いて精度を高めているのが特徴です。

---

3 画像セグメンテーション

画像セグメンテーションは、画像をピクセル（画素）単位で複数の領域に分割する技術です。大きく分けて、①**セマンティックセグメンテーション**と②**インスタンスセグメンテーション**の 2 種類があります。

　前ページの解答　× （R-CNN → Fast R-CNN）

▼覚える 画像セグメンテーション

セマンティックセグメンテーション	画像上のすべてのピクセルにクラスラベルを割り当てる。
インスタンスセグメンテーション	画像に写っている物体をピクセル単位で切り出す。

元画像

セマンティックセグメンテーション

画像のピクセルごとにクラスを識別する。

インスタンスセグメンテーション

画像に写っている物体をピクセル単位で切り出す。

　上図のように、セマンティックセグメンテーション（左）では物体の背景となる空や道路などの領域も検出しますが、個々の物体は区別しないため、重なって写っている猫はまとめて「猫」という領域になります。一方、インスタンスセグメンテーション（右）では背景の空や道路は認識しませんが、重なり合った猫を個々の「猫」として切り分けます。

○か×か

すべてのピクセルに対してクラス識別を行う画像セグメンテーションの手法をインスタンスセグメンテーションという。

解答は次ページ 　139

画像セグメンテーションを行う代表的な手法に、以下のものがあります。

一般的な畳み込みニューラルネットワーク（CNN）は、クラス分類のために全結合層を用いますが、これを畳み込み層に置き換えたのが**完全畳み込みネットワーク**（**FCN**：Fully Convolutional Network）です。

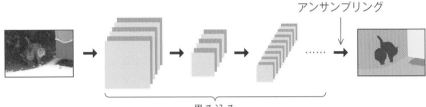

セマンティックセグメンテーションでは入力画像をピクセルごとにクラス分類するため、FCN も入力画像のピクセルと同数の出力層が必要になります。

一方、畳み込みの過程で特徴マップは小さくなっていくため、これを入力画像の解像度に戻す処理が必要になります。この処理を**アンサンプリング**（アップサンプリング）といいます。

セグネットは、FCN と同様に全結合層をもたず、畳み込み層で構成されるネットワークです。入力画像から特徴マップを抽出するエンコーダと、特徴マップを入力画像に対応づけてマッピングするデコーダが対称的に配置されています。

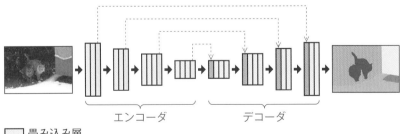

畳み込み層
プーリング層
アンサンプリング層

2015 年に発表された **U-Net** も、セグネットと同様にエンコーダ・デコーダ構造のネットワークです。エンコーダの各層で出力される特徴マップを、対応するデコーダの各層に直接連結しているのが特徴です。

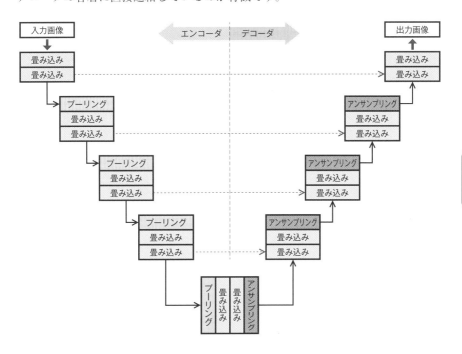

PSPNet は、エンコーダとデコーダの間に **Pyramid Pooling Module** というモジュールを設けたモデルです。このモジュールは、エンコーダが出力した特徴マップを複数の解像度でプーリングし、画像のおおまかな特徴と細かい特徴を同時に捉えるものです。

○か×か

完全畳み込みネットワーク（FCN）、SSD、U-Net は、いずれもセマンティックセグメンテショーンの手法である。

DeepLab は、atrous convolution と ASPP を特徴とするセマンティックセグメンテーションのモデルです。

atrous convolution（dilated convolution）は、入力画像のピクセルの間隔をあけて畳み込みを行い、小さいカーネルでより広い範囲の特徴を捉える畳み込み演算です。**ASPP**（Atrous Spatial Pyramid Pooling）は、間隔の異なる atrous convolution によって、PSPNet のような複数解像度の特徴マップを生成します。

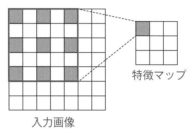

特徴マップ

入力画像

Mask R-CNN は、Faster R-CNN をベースに物体検知を行い、検出した領域を FCN（完全畳み込みネットワーク）にかけてセグメンテーションを実行します。

1つのモデルが複数のタスクに対応することを**マルチタスク学習**といいます。Mask R-CNN は、物体検出と画像セグメンテーションを同時に行うマルチタスク学習のモデルです。

4 姿勢推定

姿勢推定とは、映像から人間の頭や手、足などの関節の位置を推定し、それらを線でつなげたスケルトンを作成するタスクです。従来のモーションキャプチャー技術では、人間の身体にセンサーを取り付けて動作をとらえていましたが、姿勢推定はこれをセンサーなしで行います。代表的なモデルに **OpenPose** があります。

05 自然言語処理

自然言語処理は、画像認識分野と並んでディープラーニングの活用がすすんでいる分野です。

自然言語処理に関する用語の意味を抑えておきましょう。

キーワード 形態素解析、構文解析、句構造解析、係り受け解析、意味解析、文脈解析、照応解析、談話構文解析、BoW、コサイン類似度、TF-IDF、LSI、LDA、分散表現、word2vec、単語埋め込みモデル、CBOW、スキップグラム、fastText、ELMo、GPT、BERT、Seq2Seq、注意機構、キャプション生成

1 自然言語処理の概要

　人間が日常的に使う言葉をコンピュータで処理することを**自然言語処理**（NLP: Natural Language Processing）といいます。

　自然言語の分析手法には、おおよそ次のような種類があります。

形態素解析 ➡ 構文解析 ➡ 意味解析 ➡ 文脈解析

---

①形態素解析

　自然言語のテキストを、単語などの意味をもつ最小単位に切り分けることを**形態素解析**（けいたいそかいせき）といいます。英語は単語ごとにスペースで区切ってあるので簡単ですが、日本語のように単語の区切りのないテキストでは処理が複雑になります。

雨と風の後に明るい月がのぼった ➡ |雨|と|風|の|後|に|明るい|月|が|のぼった|

○か×か

自然言語処理において、句構造や係り受けを解析することを形態素解析という。

　構文解析では、形態素解析によって分解された単語同士の関係を分析します。**句構造解析**は、文を句の組合せによって表します。また**係り受け解析**は、文を単語同士の依存関係によって表します。

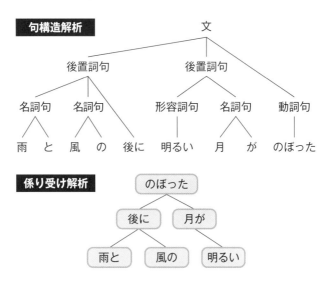

③意味解析

　たとえば「自転車で走る犬を追いかけた」という文の場合、「自転車で」が「走る」にかかるのか「追いかけた」にかかるのかは、単語の意味がわからないと推定できません。このように、単語の意味まで考慮して構文を解析することを**意味解析**といいます。

④文脈解析

　文脈解析では文単位ではなく、文章全体の意味を考慮した解析を行います。たとえば「駅前でケーキを買った。家でそれを食べた。」という文章の場合、後の文にある「それ」は前の文の「ケーキ」を指しています。このように、代名詞などが指す対象を推定することを**照応解析**といいます。

　また、「ゆうべ、遅くまで本を読んでいた。おかげで今朝は寝坊してしまった。」

では、後の文の「寝坊した」原因が、前の文で説明されています。このように、文と文との間の意味的な関係性を推定することを**談話構造解析**といいます。

2　テキストマイニングの手法

テキストを解析して特徴を抽出する手法は、**テキストマイニング**と呼ばれます。代表的な分析手法について説明しておきましょう。

テキストを分析する基本的な手法に**BoW**（Bag-of-Words）があります。BoWは、テキスト中に含まれる単語をカウントして、単語ごとの出現頻度を並べたデータをつくります。たとえば、

テキスト①：私はバナナが好きだ。
テキスト②：スーパーでバナナを買った。

という2つのテキストでは、次のようになります。

	私	バナナ	好き	スーパー	買った
テキスト①	1	1	1	0	0
テキスト②	0	1	0	1	1

上の例では、BoWによって、テキスト①は（1 1 1 0 0）、テキスト②は（0 1 0 1 1）のような5次元のベクトル形式に変換されます。

テキストをベクトル形式で表すことで、テキスト間の関係や特徴を計算できるようになります。

①コサイン類似度

コサイン類似度は「2つのベクトルがどのくらい同じ方向を向いているか」を－1〜1の数値で表したもので、同方向のとき1、反対方向のとき－1になります。テキストをベクトル形式で表した場合、テキスト同士の類似度をコサイン類似度で計測できます。

○か×か

BoW（Bag-of-Words）では、テキスト間の関係や特徴を解析するため、テキストをインデックス形式に変換する。

$$\text{コサイン類似度} = \frac{x_1y_1 + x_2y_2 + \cdots + x_ny_n}{\sqrt{x_1{}^2 + x_2{}^2 + \cdots + x_n{}^2}\ \sqrt{y_1{}^2 + y_2{}^2 + \cdots + y_n{}^2}}$$

② TF-IDF

TF（Term Frequency）は単語の出現頻度、IDF（Inverse Document Frequency）はその単語を含む文書の希少さを表します。**TF-IDF** は、文書中の単語がどの程度その文書に特有な単語かを、TF と IDF の積で表します。

その文書に特有な単語かどうかの度合いを表す

TF
文書内での
出現頻度

IDF
その単語を含む
文書のめずらしさ

③ LSI（Latent Semantic Index：潜在的意味インデックス）

LSI は、**特異値分解**という手法を用いて、BoW の行列を次元削減する手法です。次元削減によって、トピックやテーマが類似した文書をグループ化できます。

④ LDA（Latent Dirichlet Allocation：潜在的ディリクレ配分法）

LDA は、文書がいくつかのトピック（話題）から確率的に生成されると仮定し、文書中の単語の頻度から、その文書に潜在するトピックを推定します。

3 単語の分散表現

BoW ではテキスト全体をベクトル形式で表しましたが、今度は単語の意味をベクトル形式で表すことを考えてみましょう。

たとえば「自動車」という単語は、「運転する」「乗る」「エンジン」などの単語と一緒に使われることが多いと考えられます。一方、「ゆでる」「食べる」「アルデンテ」といった単語と一緒に使われることはほとんどないでしょう。

このように、ある単語の周辺によく現れる単語の分布は、その単語固有の特徴を表します。また、意味が同じ単語同士は、周辺に現れる単語の分布も類似したものになると考えられます。 ← このような考え方を分布仮説といいます。

前ページの解答 ×（インデックス形式→ベクトル形式）

そこで、周辺に現れる単語の分布を、その単語の意味とみなします。たとえば次のテキストで、単語 "power" の左右には "great" と "comes" があります。

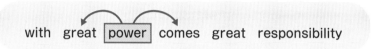

このテキストから、単語 "power" の左右の単語の出現頻度を、次のような表で表すことができます。

	comes	great	power	responsibility	with
power	1	1	0	0	0

上の表は、単語 "power" を（１１０００）のような５次元のベクトルで表したと考えることができます。単語 "great" についても同様に処理すると、ベクトル（１０１１１）を得ます。

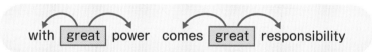

	comes	great	power	responsibility	with
great	1	0	1	1	1

◯か×か

コサイン類似度は、ベクトル間の類似度を０ 〜 １の実数値で表したものである。

同様の処理を大量のテキスト（**コーパス**）を使って行えば、コーパスに含まれる各単語をベクトル形式に変換できます。各単語のベクトルは、そのままではコーパスの語彙数（ご い すう）だけ次元をもつので、特異値分解などの手法で次元削減します。

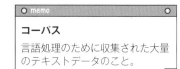

memo

コーパス
言語処理のために収集された大量のテキストデータのこと。

このようにして得られる語彙数より少ない次元数のベクトルを**分散表現**といいます。単語を分散表現に変換すると、単語間の関係をたとえば似た意味の単語はコサイン類似度（145 ページ）などを使用して計算できるようになります。

4 word2vec

単語の分散表現を用いて単語間の距離や関係を処理する自然言語処理の手法は、単語をベクトル空間に埋め込むという意味で**単語埋め込みモデル**（またはベクトル空間モデル）と呼ばれます。

代表的な単語埋め込みモデルに、**word2vec**があります。word2vec では、たとえば "with ◻ power comes great responsibility" のような文を入力すると、空欄に入る単語を推測して出力するモデルをつくります。

ニューラルネットワークでこのモデルをつくるには、各単語について、前後に出現する単語の分布を学習する必要があります。これは、前項で説明した単語の分散表現そのものです。このように、word2vec は、コーパス全体を読み込んで単語全体の分散表現を一挙に得る代わりに、ニューラルネットワークの学習をすすめながら単語の分散表現を獲得していきます。

前ページの解答 ×（コサイン類似度は− 1 ～ 1 の値をとる）

word2vecには、**CBOW**と**スキップグラム**という2つのモデルがあります。

CBOWは、周辺の単語を入力すると、ターゲットとなる単語を推測するモデルです。

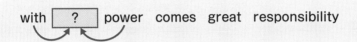

スキップグラムは、単語を入力すると、その周辺の単語を推測するモデルです。

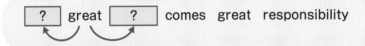

5 word2vecの後継モデル

単語埋め込みモデルはword2vec以後改良がすすみ、fastText、ELMo、BERTといった後継モデルが開発されています。

word2vecを開発したトマス・ミコロフがFacebook社に移って開発したモデル。単語をサブワードに分解して学習するため、未知語に強いという特徴があります。

> **○か×か**
> word2vecにおいて、単語から周辺の単語を予測するモデルをCBOWといい、周辺の単語から中心に位置する単語を予測するモデルをスキップグラムという。

解答は次ページ 149

②ELMo

双方向リカレントニューラルネットワーク（127 ページ）を用いて、文脈を考慮した単語の意味を処理できるモデル。

③GPT（General Pre-Training）

GPT は、OpenAI が開発した自然言語処理のモデルです。大規模なテキストデータのコーパスを使用して事前学習されており、目的に合わせてファインチューニングすることで、評判分析など様々な用途に利用できます。後継バージョンとして、パラメータ数を増やした GPT-2、GPT-3 が発表されています。

④BERT（Bidirectional Encoder Representations from Transformers）

Google 社が 2018 年に発表した自然言語処理モデル。**マスク言語モデル**（MLM：Masked Language Model）と**次文予測**（NSP：Next Sentence Prediction）という 2 つの事前学習によって、従来に比べて高い精度を実現しています。

マスク言語モデル（MLM）	文章の一部を隠して入力し、前後の文脈から隠された文章を推定する。
次文予測（NSP）	2 つの文章を入力し、それらが連続して出現した文章かどうかを推定する。

BERT は、従来のモデルで用いられていた LSTM などのリカレントニューラルネットワークに代わり、**トランスフォーマー**（Transformer）と呼ばれる新しいニューラルネットワークのモデルを採用し、高い精度を実現しています。

6 ニューラル機械翻訳

機械翻訳で用いられるニューラルネットワークは、入力も出力もテキストとなることから、**Seq2Seq**（sequence to sequence）と呼ばれます。代表的な Seq2Seq のモデルに、エンコーダ・デコーダ構造を採用した **RNN Encoder-Decoder** があります（128 ページ）。

　前ページの解答　　×（CBOW とスキップグラムが逆）

また、翻訳の精度を高めるために、**注意機構**（attention mechanism）と呼ばれる機構が採用されています。

　注意機構では、デコーダが各単語を出力する際に、入力テキストのどの単語を重要視するかが重みづけされます。

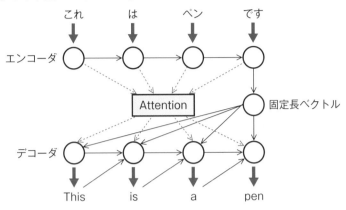

　上図のように、入力文と出力文の単語間の関連度を分析する注意機構を **Source-Target Attention** といいます。一方、入力文内または出力文内の単語間の関連度を分析する注意機構を Self-Attention（自己注意機構）といいます。トランスフォーマーはこの2種類の注意機構で構成されているのが特徴です。

7　画像キャプション生成

　入力画像に対する説明を自然言語文で出力することを**キャプション生成**といいます。キャプション生成は、画像認識を行う畳み込みニューラルネットワーク（CNN）に、言語モデル（RNN）を組み合わせたものです。

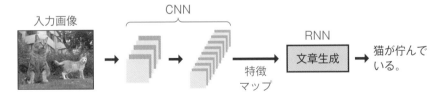

○か×か

自然言語処理における注意機構（アテンション）とは、入力された複数の単語のうち、どの単語を重要視するかを重みづけして精度を高める仕組みである。

06 音声認識

音声認識は、人間が発した音声データを認識し、テキストに変換する技術です。

▼ 講師から一言

音声認識に関する用語の意味を押えておきましょう。

キーワード 音素、音韻、フォルマント、サンプリング定理、メル尺度、MFCC（メル周波数ケプストラム係数）、伸縮マッチング手法、DP マッチング、隠れマルコフモデル（HMM）、音声合成、WaveNet

1 音声認識の概要

音声認識は、人間が発した音声データを認識し、テキストに変換する技術です。音声認識の流れは、おおむね次のようになります。

| 前処理 | アナログ信号として入力された音声データをデジタルに変換し（**アナログデジタル変換**）、音声が存在する区間を取り出す（**音声区間検出**）。 |

↓

| 特徴抽出 | **フーリエ解析**によって、音声データから音声認識に必要な**特徴量**を取り出す。 |

↓

| 識別 | 辞書を参照しながら、特徴量を単語や文に変換する。 |

音声認識にかかわる基本的な用語を押えておきましょう。

①音素

言葉の音声を構成する最小単位を**音素**といいます。音声認識は単語単位に行う方法と音素単位に行う方法がありますが、日常会話や会議録といった語彙数の多

い連続音声認識は、音素単位で識別する手法が一般的です。

②音韻

特定の言語を識別するための音声の最小単位を**音韻**（おんいん）といいます。音素は言語によらない音声の構成要素ですが、音韻は言語ごとに異なる体系があります。

▼覚える 音素と音韻

音素	言語に関係なく、音声を物理的な特徴によって分類した単位。
音韻	特定の言語を識別するための音声の最小単位。

③フォルマント

人の音声は声帯の振動で生成され、声道を通って口唇から発声されます。声道には複数の共鳴周波数があり、特定の周波数の音声が強く響きます。この周波数を**フォルマント**（またはフォルマント周波数）といいます。

声道や舌の形を変えると、フォルマントが変化します。音素の母音は一般にこのフォルマントの違いによって識別できます。

④サンプリング定理

アナログの音声データをデジタルに変換するには、アナログ信号を一定の間隔で測量して数値化します。この作業を**サンプリング**（標本化）といいます。このとき、音声の最大周波数の**2倍**を超える周波数でサンプリングすれば、デジタル化したデータで元の波形を完全に再現できます。これを**サンプリング定理**といいます。

> **o memo o**
> **カクテルパーティー効果**
> パーティー会場のようなガヤガヤした場所でも、注意を向けたの人の声を複数の声の中から聞き取ることができる現象。

○か×か

音声を物理的な特徴で分類した基本単位を音韻といい、ある言語を識別するために必要な音声の最小単位を音素という。

⑤メル尺度

　人間は、高音域ほど音の高さの変化を感じにくくなります。そこで、人間が知覚する音高の変化の尺度として、**メル尺度**が用いられます。1000Hz を基準にして、人間が 1000Hz の n 倍と感じる音の周波数を $n \times 1000$ メルとします。

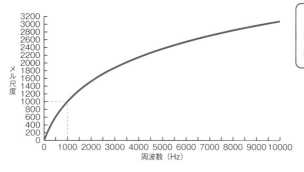

人間が知覚する音の変化（メル尺度）は、実際の周波数の変化と比例しません。

⑥MFCC（メル周波数ケプストラム係数）

　音声認識では、音声データそのものではなく、音声データから抽出した**特徴量**を使って音素を認識します。

　音声認識で用いる特徴量は、人間の聴覚特性に対応するため、音声の周波数をメル尺度に変換します。このようにして求めた特徴量を **MFCC**（Mel-Frequency Cepstrum Coefficient：**メル周波数ケプストラム係数**）といいます。

⑦伸縮マッチング手法

　たとえば「情報」という単語の発音は、人によって「ジョーホウ」「ジョウホー」「ジョーホー」などとなり、各音素の長さが異なります。音声認識では、このように伸び縮みする音声から一致するパターンを探すために、**伸縮マッチング**という手法が用いられます。代表的なものに、動的計画法を応用した **DP マッチング**があります。

2　隠れマルコフモデル

　人間の音声には話し手や話し方によって様々な揺らぎが生じます。こうした揺

　前ページの解答　×（音韻と音素が逆）

らぎを表現するため、現在の音声認識には確率や統計の手法が用いられています。代表的なものに隠れマルコフモデル（HMM：Hidden Markov Model）があります。

　隠れマルコフモデルとは、マルコフモデルに隠れ変数を導入したものです。例として、晴れ、くもり、雨の3種類の状態が遷移する次のようなモデルを考えてみましょう。

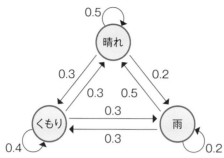

　上の図は単純なマルコフモデルです。このモデルでは、たとえば晴れの翌日は0.5の確率で晴れ、0.3の確率でくもり、0.2の確率で雨に遷移することを示しています。

　これに対し、隠れマルコフモデルは次のようなモデルになります。

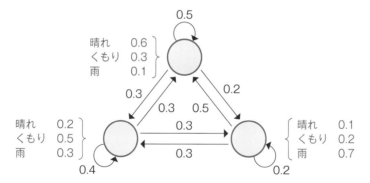

　ある状態から次の状態に遷移する確率は先ほどのモデルと変わりませんが、各状態が晴れ、くもり、雨のいずれになるかは、ある確率によって決まる隠れ変数になっています。隠れ変数による状態の確率的な揺らぎで、音声における揺らぎを表現します。

> **○か×か**
>
> 音声認識における特徴量のひとつである MFCC（メル周波数ケプストラム係数）は、人間の発話特性に着目した特徴量である。

従来、音声の揺らぎは多数のコーパスから統計的に求めていましたが、近年ではこの揺らぎをディープラーニングによる学習で求めたものが用いられます。

3　WaveNet

　音声認識は音声から単語や文などのテキストを生成しますが、この過程を逆にして、テキストを人工の音声で読み上げる処理を**音声合成**といいます。

　2016 年に DeepMind 社が発表した **WaveNet** は、ディープラーニングの手法を用いて音声認識や音声合成を行うモデルです。とくに音声合成の品質は従来に比べて圧倒的で、人間に近い自然な言語を話すことができます。

　音声データは時系列データですが、WaveNet では、サンプリング周波数16kHzの音声データを 1 秒間に 16,000 個の点ととらえ、各点を畳み込みニューラルネットワーク（CNN）で処理します。このとき、隠れ層では層が深くなるにつれてユニットをスキップさせるのが特徴です。

1 秒間に 16,000 個（16kHz）の点を生成

出力層

畳み込み層

畳み込み層

畳み込み層

入力層

過去データを入力

　WaveNet による音声合成は、スマートフォンの AI アシスタントやスマートスピーカーの応答音声に利用されています。

07 学習済みモデルの利用

モデルの学習には、学習データや膨大な計算量が必要なので、学習済みのモデルを再利用できれば効率的です。

頻出度

▼ 講師から一言

転移学習とモデル圧縮の手法を理解しましょう。

キーワード 転移学習、ファインチューニング、モデル圧縮、枝刈り、量子化、蒸留、メタ学習、MAML

1 転移学習

　ある問題について、すでに学習済みのモデルがある場合は、大量の学習データを用意してイチからモデルに学習させるより、学習済みモデルを再利用したほうがはるかに効率的です。

　また、深い層のネットワークを構築すると、学習に必要な計算量も膨大になります。ネットワークの一部を学習済みモデルで構築すれば、計算量を大幅に節約できます。

　学習済みのモデルを、新しいタスクに利用することを**転移学習**といいます。

学習済みモデル　　　新しいモデル　　　　　転移学習

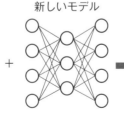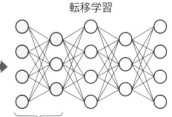

学習済みモデルのパラメータ
は更新しない

○か×か

WaveNet は、音声データをサンプリングによって分割された時系列データとみなし、リカレントニューラルネットワークを用いて高品質な音声認識や音声合成を実現するモデルである。

第5章 ディープラーニングの手法

転移学習では、学習済みモデルの出力層の代わりに、新しい層を追加して学習をすすめます。このとき、学習済みモデルについてはパラメータを更新しません。学習済みモデルも含めて、ネットワーク全体のパラメータを調整する場合を、**ファインチューニング**といいます。

　画像認識や自然言語処理の分野では、転移学習に利用できる学習済みモデルが公開されています。

2　モデル圧縮の手法

　学習済みのモデルは、システムに組み込んで推論などに利用しますが、大規模なモデルは推論の際の計算量も大きくなります。とくに、学習済みモデルを端末機器に搭載する場合は、モデルの軽量化が必要になります。

　モデルを軽量化する**モデル圧縮**の手法として、**蒸留**、**量子化**、**枝刈り**の3種類があります。

①蒸留（distillation）

　蒸留（じょうりゅう）は、学習済みモデルの入力と予測値の組合せを学習データとして、新たに小規模なモデルを作成する手法です。学習済みモデルを教師モデル、新しくつくるモデルを生徒モデルといいます。

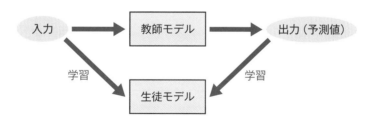

②量子化（quantize）

　量子化は、重みなどのパラメータを小さいビットで表現することで、ネットワークの構造は変えずに全体のメモリ使用量や計算量を削減する手法です。たとえば、32ビット長の変数を8ビット長の変数に置き換えれば、メモリ使用量は4分の1になります。ただし、計算の精度は低下します。

　前ページの解答　×（リカレントニューラルネットワーク→畳み込みニューラルネットワーク）

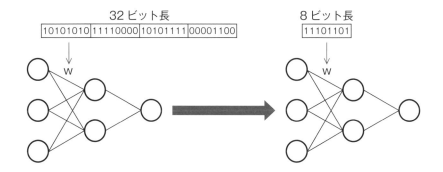

32 ビット長

`10101010` `11110000` `10101111` `00001100`

w

8 ビット長

`11101101`

w

③枝刈り（pruning）

枝刈りは、ニューラルネットワークを構成するユニットのうち、重みの値が小さい接続を削除して、パラメータ数を削減する手法です。

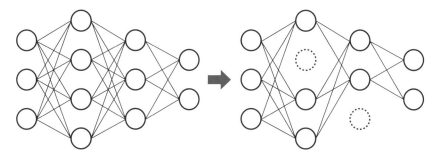

3 メタ学習

メタ学習とは、いわば学習の仕方を学習する手法です。事前に複数のタスクによる学習を行い、パラメータがどのように更新されるかを観察して、パラメータの最適な初期値を探索します。これにより、新しいタスクを少ないデータでモデルに学習させることができるようになります。

代表的なメタ学習の手法に、**MAML**（Model Agnostic Meta Learning）があります。

○か×か

学習済みモデルの入力と出力を教師データとして、新しいモデルを作成するモデル圧縮の手法を量子化という。

解答は次ページ 159

確認問題

次の文章の □□□ 内に入る適切な語句を答えなさい。

❶隠れ層を畳み込み層とプーリング層によって構成した
ニューラルネットワークを □□□ という。

❷画像の中に写った物体の位置がずれていても、同じ物体
であることを識別できる畳み込みニューラルネットワーク
の性質を □□□ という。

❸畳み込み層では、入力画像に対して □□□ を一定の間隔
でスライドさせながら畳み込み演算を行い、出力を得る。
出力されたデータを □□□ という。

❹畳み込み演算において、カーネルをスライドさせる量を
□□□ という。

❺畳み込み演算において、入力画像の周囲を 0 で埋めるこ
とを □□□ という。

❻特徴マップに適用したカーネルごとに、最大値を出力す
るプーリング演算を □□□ という。

❼特徴マップに適用したカーネルごとに、平均値を出力す
るプーリング演算を □□□ という。

❽畳み込みニューラルネットワークにおいて、畳み込み層
やプーリング層によって抽出された特徴を入力し、クラス
分類などを行う層を □□□ という。

❾畳み込みニューラルネットワークにおいて、抽出された
各チャンネルの特徴マップの平均値を求める処理を □□□
という。

❿ 内部に再帰的な構造を備えることで、時系列データなどの前後関係のあるデータに対応したニューラルネットワークを[＿＿＿]という。

⓫ 時系列データをさかのぼるほど学習が困難になるという問題に対応し、ゲート構造を設けたリカレントニューラルネットワークを[＿＿＿]という。

⓬ [＿＿＿]は、LSTM のゲート数を減らし、計算量を削減した手法である。

⓭ 時系列データを過去→未来の方向だけでなく、未来→過去の方向にも学習できるようにした RNN のモデルを、[＿＿＿]という。

⓮ 入力と出力の両方が時系列データであるモデルを[＿＿＿]という。

⓯ 時系列データの入力を受け付ける LSTM と、時系列データを出力する LSTM を組み合わせた RNN のモデルを[＿＿＿]という。

⓰ リカレントニューラルネットワークにおいて、1 時刻前の正解データを現時点の入力データとして学習をすすめる手法を[＿＿＿]という。

⓱ データの分布を近似させることによって、画像などのデータを新たに生成するモデルを[＿＿＿]という。

⓲ [＿＿＿]は、生成器（generator)と識別器（discriminator)で構成され、ランダムノイズにもとづいた画像データを生成する生成モデルである。

⓳ DeepMind 社が 2013 年に発表した深層強化学習のモデルで、Q 学習に畳み込みニューラルネットワーク（CNN）を組み込んだものを[＿＿＿]という。

❿ リカレントニューラルネットワーク（RNN）（124 ページ）

⓫ LSTM(126 ページ)

⓬ GRU（127 ページ）

⓭ 双方向リカレントニューラルネットワーク（双方向 RNN）(127 ページ)

⓮ Seq2Seq （128 ページ）

⓯ RNN Encoder-Decoder（128 ページ）

⓰ 教師強制（128 ページ）

⓱ 生成モデル（129 ページ）

⓲ 敵対的生成ネットワーク（GAN）(130 ページ)

⓳ ディープ Q ネットワーク（DQN）(130 ページ)

第5章 ディープラーニングの手法

161

❷⓿ DeepMind 社が開発した深層強化学習による囲碁プログラムで、コンピュータとしてはじめてプロ棋士に勝利したのは⬚である。

❷① 福島邦彦が考案したモデルで、S 細胞層と C 細胞層とで構成され、現在の CNN の原型となったモデルを⬚という。

❷② 1998 年にヤン・ルカンが発表した畳み込みニューラルネットワークのモデルを⬚という。

❷③ 2012年のILSVRCで優勝したトロント大学のSuperVisionで用いられた畳み込みニューラルネットワークのモデルを⬚という。

❷④ 2014 年の ILSVRC で準優勝したオックスフォード大学のチームが使用した 16 層または 19 層の畳み込みニューラルネットワークのモデルは⬚である。

❷⑤ 2014 年の ILSVRC で優勝した Google 社のチームが使用したモデルで、複数の畳み込み層を並列に接続したインセプションモジュールを積み重ねたものは⬚である。

❷⑥ 2015 年の ILSVRC で優勝した Microsoft 社のチームが使用したモデルで、層を飛び越えて結合するスキップコネクションと呼ばれる構造が特徴的なものは⬚である。

❷⑦ 画像の判別に用いる局所領域における輝度の勾配方向の分布を⬚特徴量という。

❷⑧ 物体が含まれていると思われる候補領域をセレクティブ・サーチなどで抽出し、それらを 1 つずつ規定サイズに変換して CNN に入力し、特徴マップを出力する手法を⬚である。

❷❾ はじめに画像全体を 1 回だけ CNN に入力して画像全体の特徴マップを出力し、そこから候補領域に合わせた特徴マップを選択する物体検出の手法を ☐☐☐☐ という。

❷❾ Fast R-CNN（137ページ）

❸⓪ Fast R-CNN において、画像全体の特徴マップから候補領域を切り出し、それを固定サイズの特徴マップに変換する演算を ☐☐☐☐ という。

❸⓪ ROI プーリング（137ページ）

❸① Fast R-CNN の候補領域の抽出には CNN を用いることで、画像入力から物体の分類までを単一のモデルで実行できる End-to-End のモデルを ☐☐☐☐ という。

❸① Faster R-CNN（138ページ）

❸② 物体の認識と領域の切り出しを同時に実行し、画像を 1 度だけ CNN に入力することから You Only Look Once と呼ばれる End-to-End な物体検知の手法は ☐☐☐☐ である。

❸② YOLO（138ページ）

❸③ End-to-End な物体検知の手法のひとつで、半導体メモリを用いた補助記憶装置と同じ略称のものは ☐☐☐☐ である。

❸③ SSD（138ページ）

❸④ 画像上のすべてのピクセルにクラスラベルを割り当てる画像セグメンテーション（領域分割）のタスクを ☐☐☐☐ という。

❸④ セマンティックセグメンテーション（139ページ）

❸⑤ 画像上の物体をピクセルレベルで認識する画像セグメンテーション（領域分割）のタスクを ☐☐☐☐ という。

❸⑤ インスタンスセグメンテーション（139ページ）

❸⑥ 一般的な畳み込みニューラルネットワーク（CNN）の全結合層を畳み込み層に置き換え、セマンティックセグメンテーションに利用できるようにしたモデルを ☐☐☐☐ という。

❸⑥ 完全畳み込みネットワーク（FCN）（140ページ）

❸⑦ セマンティックセグメンテーションに用いられるモデルで、U 字型となる対称的なエンコーダ・デコーダ構造を採用し、エンコーダの各層で出力される特徴マップを、対となるデコーダの各層に連結するものを ☐☐☐☐ という。

❸⑦ U-Net（141ページ）

㊳ Faster R-CNN をベースに物体検知を行い、検出した領域を FCN にかけてインスタンスセグメンテーションを実行するモデルを ☐☐☐ という。

㊳ Mask R-CNN（142 ページ）

㊴ 自然言語処理において、テキストを意味をもつ最小単位に切り分ける処理を ☐☐☐ という。

㊴ 形態素解析（143 ページ）

㊵ 自然言語処理において、単語の意味を考慮して構文を解析する処理を ☐☐☐ という。

㊵ 意味解析（144 ページ）

㊶ 文章全体の文脈を解析する技術のひとつで、代名詞などが指す対象を推定する手法を ☐☐☐ という。

㊶ 照応解析（144 ページ）

㊷ 文章全体の文脈を解析する技術のひとつで、文と文の間の意味的な関係性を推定する手法を ☐☐☐ という。

㊷ 談話構造解析（145 ページ）

㊸ 形態素解析で単語などの最小単位に切り分けたテキストを、ベクトル形式に変換する処理を ☐☐☐ という。

㊸ BoW（145 ページ）

㊹ ベクトル間の類似度を− 1 〜 1 の数値で表したものを ☐☐☐ という。

㊹ コサイン類似度（145 ページ）

㊺ 単語の文書内での出現頻度と、その単語が存在する文書の希少さとの積で求めた係数により、一般的な単語の重みを低くし、特定の文書に特有な単語を重用する手法を ☐☐☐ という。

㊺ TF-IDF（146 ページ）

㊻ 特異値分解という手法により、BoW の行列を次元削減する手法を ☐☐☐ という。

㊻ LSI（146 ページ）

㊼ 文書がいくつかのトピック（話題）から確率的に生成されると仮定し、文書中の単語の頻度から、その文書に潜在するトピックを推定する手法を ☐☐☐ という。

㊼ LDA（146 ページ）

㊽ 周辺の単語の出現頻度をもとに、単語を語彙数より次元の少ない実数ベクトルで表したものを ☐☐☐ という。

㊽ 分散表現（148 ページ）

❹ 分散表現を用いて単語間の距離や関係を処理する自然言語処理のモデルを□□□□といい、代表的な手法に□□□□がある。

❺ word2vec の手法のうち、周辺の単語を入力して、ターゲットとなる単語を推測するモデルを□□□□という。

❺ word2vec の手法のうち、単語を入力して、その周辺の単語を推測するモデルを□□□□という。

❺ word2vec 以後に発表された単語埋め込みモデルとして、word2vec より学習が速く未知語に強い特徴がある□□□□や、文脈を考慮した単語の意味を処理できる□□□□がある。

❺ Google 社が 2018 年に発表した BERT は、文章の一部を隠して入力し、前後の文脈から隠された文章を推定する□□□□や、2 つの文章を入力し、それらが連続して出現した文章かどうかを推定する□□□□による自然言語処理モデルである。

❺ 機械翻訳などの処理において、入力された単語のうちどれを重要視するかも含めて学習させる仕組みを□□□□という。

❺ 入力画像に対する説明を自然言語文で出力するタスクを□□□□という。

❺ 音声を物理的な特徴によって分類した最小単位を□□□□という。

❺ 特定の言語を識別するための音声の最小単位を□□□□という。

❹ 単語埋め込みモデル（ベクトル空間モデル）、word2vec（148 ページ）

❺ CBOW（149 ページ）

❺ スキップグラム（149 ページ）

❺ fastText、ELMo（149 ページ）

❺ マスク言語モデル（MLM）、次文予測（NSP）（150 ページ）

❺ 注意機構（150 ページ）

❺ キャプション生成（151 ページ）

❺ 音素（152 ページ）

❺ 音韻（153 ページ）

❺❽声道で発生する複数の共鳴周波数のことを□□□□という。

❺❽ フォルマント（153 ページ）

❺❾アナログ音声をデジタルに変換する際、音声の最大周波数の□□□□を超える周波数でサンプリングすれば、変換後に元の波形を完全に再現できる。これをサンプリング定理という。

❺❾ 2 倍（153 ページ）

❻⓪実際の周波数に対して、人間が知覚する音の高さを表した尺度を□□□□という。

❻⓪ メル尺度（154 ページ）

❻①音声データから抽出した特徴量で、音声認識に用いるために人間の聴覚特性に対応したものは□□□□である。

❻① MFCC（メル周波数ケフストラム係数）（154 ページ）

❻②パーティー会場のようなガヤガヤした場所でも、注意を向けたの人の声を複数の声の中から聞き取ることができる現象を□□□□という。

❻② カクテルパーティー効果（153 ページ）

❻③音声の揺らぎに対応するため、マルコフモデルに隠れ変数を導入した音声認識モデルを□□□□という。

❻③ 隠れマルコフモデル（HMM）（155 ページ）

❻④2016 年に DeepMind 社が発表した、畳み込みニューラルネットワークを用いた音声認識と音声合成のモデルを□□□□という。

❻④ WaveNet（156 ページ）

❻⑤学習済みモデルの出力層の代わりに新しい層を追加して学習をすすめる手法を□□□□という。

❻⑤ 転移学習（157 ページ）

❻⑥学習済みモデルの入力と出力を教師データとして、新しいモデルを作成するモデル圧縮の手法を□□□□という。

❻⑥ 蒸留（158 ページ）

❻⑦ニューラルネットワークから重みが小さい接続を削除して、パラメータ数を削減するモデル圧縮の手法を□□□□という。

❻⑦ 枝刈り（159 ページ）

第 6 章

ディープラーニング
の社会実装

01 AI 技術の応用

頻出度

AI 技術はすでに幅広い産業分野で実用化されていますが、ここでは試験によく出題される事項を中心に説明します。

▼ 講師から一言

とくに自動運転車についてはよく出題されています。

キーワード 自動運転車、改正道路交通法、改正道路運送車両法、作動状態記録装置、ロボティクス、マルチモーダル学習、RPA、OCR、内容ベースフィルタリング、協調フィルタリング

1 自動運転

　人間が操作しなくても自動で走行する自動車を**自動運転車**といいます。自動運転では、カメラやレーダー、センサーなどで歩行者や車両などを認識します。また、現在位置や周囲の状況などを把握して、次の行動を判断します。これらの技術には、画像認識をはじめとする AI の活用が期待されています。

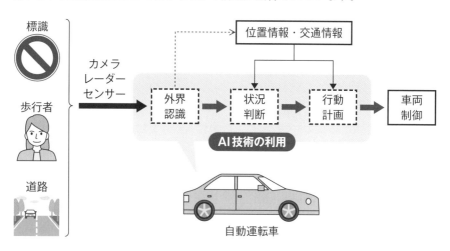

　自動運転のレベルは、SAE（米国自動車技術協会）が発表した「SAE J3016 基準」により、レベル 0 ～ 5 の 6 段階に分かれています。

レベル	概要	運転主体
0 （運転自動化なし）	● すべての運転を運転者が行う	運転手
1 （運転支援）	● ハンドルと加減速の制御のどちらか1つをシステムがアシストする	運転手
2 （部分運転自動化）	● ハンドルと加減速の制御をシステムが同時にアシストする	運転手
3 （条件付運転自動化）	● 限定した領域内でシステムがすべての運転を実施 ● 作動継続が困難な場合は運転手が対応する	システム （作動継続困難な場合は運転手）
4 （高度運転自動化）	● 限定した領域内でシステムがすべての運転を実施 ● 利用者は関与しない	システム
5 （完全運転自動化）	● 領域を限定せず、システムがすべての運転を実施 ● 利用者は関与しない	システム

第6章 ディープラーニングの社会実装

　日本では、**レベル3**の自動運転車が2021年3月に発表されました。レベル3の自動運転車は、高速道路の渋滞時など一定の環境下で、運転手がすぐに運転に戻れることを条件に、ハンドルから手を離して運転をシステムに任せることができます。

　2019年には、レベル3の自動運転車が走行するための法整備として、道路交通

○か×か

レベル3の自動運転車では、一定の環境下で、運転手が短時間運転席を離れることが認められている。

法と道路運送車両法が改正されています（2020年施行）。

改正道路交通法	一定の条件のもとで、自動運転中に運転手がスマートフォンなどを操作することを認める。
改正道路運送車両法	自動運転車の保安基準として、**作動状態記録装置の搭載を義務付け**。

2 ロボティクス分野

ロボティクス（ロボット工学）には、ロボットの手足などの機構に関する分野や、運動・制御に関する分野、外界情報の認識・知覚に関する分野、ロボットの知能（AI）に関する分野など、多岐にわたる分野があります。

ディープラーニングは、ロボットの知能にあたるAIにも応用されています。たとえば、ロボットに適切な動作を学習させるために、深層強化学習（130ページ）の手法が用いられる場合があります。

また、「物体をロボットアームでつかむ」といった動作の学習では、物体の画像を認識するカメラや、物体をつかむ手の部分についた圧力センサーなど、複数のセンサーから情報を得る必要があります。このように、複数の異なる形式のデータを使った学習を**マルチモーダル学習**といいます。

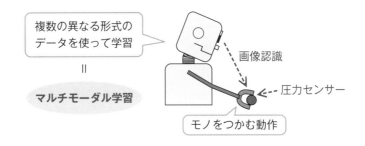

複数の異なる形式の
データを使って学習

＝

マルチモーダル学習

画像認識

圧力センサー

モノをつかむ動作

3 RPA

工場の自動化には従来から産業ロボットの導入がすすんでいますが、近年では事務作業の自動化にもロボット技術が採り入れられています。

従来は人間が行っていた定型的なパソコン業務を、ソフトウェアロボットに

前ページの解答 ×（作動困難時にすぐ運転に戻れるようにしなければならない）

よって代行・自動化する技術を **RPA**（Robotic Process Automation）といいます。たとえば、手書きの帳票の入力作業を、**OCR**（Optical Character Reader：光学的文字読み取り）システムを利用して自動化するといった活用事例があります。

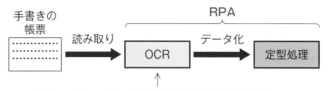

ディープラーニングによる学習で認識精度が向上

OCR システムの文字認識の精度は、ディープラーニングによって大幅に向上しました。もっとも、RPA に採用されている AI 技術は現時点ではまだ限定的です。AI 技術を用いたより高度な RPA として、顧客との電話対応といった一部の非定型業務を自動化することも検討されています。

4 レコメンド機能

EC サイトで、利用者に商品を推薦する機能を**レコメンド機能**といいます。機械学習を用いたレコメンド機能の手法として、**内容ベースフィルタリング**と**協調フィルタリング**を覚えておきましょう。

内容ベースフィルタリング	商品の特徴をもとに、類似の商品や同系列の商品を推薦します。Tシャツの購入者に別のTシャツを薦めたり、バッグの購入者に同じブランドの別の商品を推薦する場合などが該当します。
協調フィルタリング	顧客の行動履歴をもとに、傾向が似ている顧客がよく購入する商品を推薦します。「この商品を購入した人は、ほかにこんな商品を買っています」といった形の推薦が該当します。

○か×か

2020 年に施行された改正道路運送車両法において、自動運転車には免許証確認装置の搭載が義務付けられた。

02 AIに関する原則・ガイドライン

頻出度

AI技術が人間をないがしろにする方向に活用されないよう、政府や国際機関により、様々な原則やガイドラインが作成されています。

▼ 講師から一言

代表的な原則・ガイドラインについて把握しておきましょう。

キーワード 人間中心のAI社会原則、信頼性を備えたAIのための倫理ガイドライン、AIに関する理事会勧告、倫理的に調和された設計、アシロマAI原則、Partnership on AI、信条

1 AIに関する原則・ガイドライン

　AIが社会に浸透するにつれ、開発者の責任や社会でのあり方について議論が行われるようになりました。政府や国際機関、民間団体が公表したAIに関する主なガイドラインには、以下のものがあります。

> **人間中心のAI社会原則**（日本政府）
> **信頼性を備えたAIのための倫理ガイドライン**（欧州委員会）
> **AIに関する理事会勧告**（OECD）
> **倫理的に調和された設計**（IEEE）
> **アシロマAI原則**（The Future of Life Institute）
> **信条**（Partnership on AI）

2 人間中心のAI社会原則

　日本の内閣府が2019年3月に公表した「**人間中心のAI社会原則**」は、AIの適切で積極的な社会実装を推進するために、国や社会が留意すべき原則を定めたものです。基本理念では、尊重すべき価値として次の3つを挙げています。

前ページの解答 ×（免許証確認装置→作動状態記録装置）

▼覚える 人間中心の AI 社会原則の３つの基本理念

①**人間の尊厳が尊重される社会**
②**多様な背景を持つ人々が多様な幸せを追求できる社会**
③**持続性ある社会**

3　信頼性を備えた AI のための倫理ガイドライン

「**信頼性を備えた AI のための倫理ガイドライン**」は、欧州委員会が 2019 年 4 月に公開したガイドラインです。「信頼できる（Trustworthy）AI」の要件として、以下の 7 つを挙げています。

▼覚える 信頼性を備えた AI の 7 つの要件

①人間の営みと監視	人間の主体性を低下させたり、限定・誤導したりするのではなく、人間の活動や基本的人権を支援して、公平な社会を実現すべきである。
②技術的な頑健性と安全性	AI システムはレジリエントで安全であるべきである。
③プライバシーとデータガバナンス	プライバシーとデータ保護を尊重するとともに、合法的なデータアクセスを確保するための適切なガバナンスの機構を備えるべきである。
④透明性	システムの追跡可能性を確保すべきである。
⑤多様性・非差別・公平性	人間の能力・技能・要求の全分野を考慮し、アクセスしやすいものとすべきである。
⑥環境および社会の幸福	社会に良い変化をもたらし、持続可能性や環境保護責任の強化に活用されるべきである。
⑦説明責任	AI システムとそれによって得られる結果について、説明責任を果たすための仕組みを導入すべきである。

○か×か

日本の内閣府が公表した「人間中心の AI 社会原則」は、基本理念として「人間の尊厳が尊重される社会」「多様な背景を持つ人々が多様な幸せを追求できる社会」「信頼性を備えた社会」の 3 つを掲げている。

第6章 ディープラーニングの社会実装

4　AI に関する理事会勧告

「**AI に関する理事会勧告**」は、OECD（経済協力開発機構）の閣僚理事会で 2019 年 5 月に採択された AI に関する国際ガイドラインです。「人間を中心とした AI」をはじめとする 5 つの原則と、国際協力・国内環境の整備などの 5 つの政策的取組みで構成されています。

5　民間のガイドライン

AI 開発の原則については、政府や国際機関だけでなく学術会議や民間でも活発に議論されています。

「**倫理的に調和された設計**（Ethically Aligned Design）」は、学術団体である IEEE（米国電気電子学会）が 2019 年 3 月に初版を公表したガイドラインです。AI システムや開発者が満たすべき一般原則として、「人権の尊重・保護」「人間の幸福の実現」など 8 つが掲げられています。

「**アシロマ AI 原則**」は、民間団体の FLI（The Future of Life Institute）が 2017 年に提案したガイドラインで、AI が人類全体の利益となるために、研究課題や倫理に関する 23 の原則をまとめたものです。

また、Amazon、Google、Facebook、IBM、Microsoft などアメリカの IT 企業を中心に設立された **Partnership on AI** は、AI に関する倫理原則として、2016 年に「**信条**（Tenets）」を公開しています。

　前ページの解答　×（信頼性を備えた社会→持続性ある社会）

03 AIと知的財産権

AIの開発や利用に必要な知的財産権に関する事項について説明します。

頻出度

▼講師から一言

とくに著作権と特許権、不正競争防止法の営業秘密・限定提供データについて理解が必要です。

キーワード 知的財産権、著作権、特許権、不正競争防止法、営業秘密、限定提供データ、データベース著作権

1 知的財産権とは

　人間の知的活動によって生み出された創作物やアイデアを財産とみなし、法律上保護される権利を**知的財産権**といいます。日本の法律上、知的財産権の保護対象となるものには、以下のような種類があります。

▼覚える 主な知的財産権の保護対象

権利	法律	保護対象
著作権	著作権法	著作物、プログラムなど
特許権	特許法	発明
実用新案権	実用新案法	小発明、アイデア
意匠権	意匠法	デザイン
商標権	商標法	トレードマーク
不正競争防止法上の権利	不正競争防止法	営業秘密、限定提供データなど

〇か×か

Amazon、Google、Facebook、IBM、Microsoftなどの IT 企業が中心になって設立した Partnership on AI は、2016 年に「アシロマ AI 原則」を発表した。

本書では、このうちとくに AI との関連が深い著作権と特許権、不正競争防止法について説明します。

2　著作権

著作権とは、小説、論文、音楽、絵画、写真といった様々な著作物を、無断で複製されたり、改変されたりしないようにする権利です。保護期間は著作者の死後 70 年（法人の場合は公表後 70 年）です。

IT 分野では、マニュアルやプログラムコードが著作権法の保護対象となります。また、データベースについても、情報の選択や構成に一定の創作性が認められれば著作権法の保護対象となります。

3　特許権

特許権は、高度な発明を保護するための権利です。特許庁へ出願して登録されると、その発明を独占的に使用する権利（専用実施権）をもつことができます。存続期間は 20 年間です。

特許権は原則として**発明者**に帰属します。日本の特許法では、自然人のみが発明者になり得るとされており、会社（法人）や人工知能が発明者になることはできません。共同で発明した場合は、全員が発明者となります。

企業の従業員が職務上行った発明を**職務発明**といいます。従業員の職務発明については、その従業員が特許を取得した場合、企業はその発明を利用する権利（通常実施権）があります。また、あらかじめ契約や勤務規則などの規定があれば、会社に特許を受ける権利が帰属します。ただし、会社側は発明者に相応の報酬を支払う必要があります。

4　不正競争防止法

不正競争防止法は、類似商品の販売や原産地の偽装、企業秘密の盗用といった不正競争を防止するための法律です。

不正競争防止法によって保護される情報として、**営業秘密**と**限定提供データ**があります。

営業秘密	製造技術やノウハウ、顧客情報などの営業上の機密のこと。①社内で秘密として管理されていること(**秘密管理性**)、②有用な情報であること (**有用性**)、③公然と知られていないこと (**非公知性**)の３つが要件となります。 侵害行為については相手に差止請求や損害賠償請求ができ、刑事罰も適用されます。
限定提供データ	携帯電話の位置情報やカーナビの地図データなど、限定された利用者にのみ提供される相当量のデータのこと。手書きや印刷された文書は該当しません。 侵害行為については差止請求や損害賠償請求ができます。ただし、刑事罰は適用されません。

5　収集したデータの知的財産権

　ディープラーニングなどの AI 開発では、テキストや画像などの大量の学習用データが必要です。論文や写真などは、著作権法で保護される著作物ですが、大量のデータ1つひとつについて著作権者の許可をとるのは現実的ではありません。

　そのため日本の著作権法は、著作物を機械学習の学習用データなどの「情報解析の用に供する場合」には、例外として著作物の複製を認めています。

　ただし、利用は必要と認められる限度内で、著作権者の利益を不当に害することのないよう留意しなければなりません。

 学習用データは著作権者の許可なく収集・利用できる。

　2018 年の改正著作権法（2019 年 1 月施行）では、さらに収集した学習用データセットの公開や譲渡も可能です(著作権法第30条の4)。作成した学習用データセットは、**データベース著作物**（情報の選択や構成が創作性を有する）として認められれば、著作権によって保護されます。

○か×か

不正競争防止法によって保護される限定提供データには、書面によって蓄積された技術上または営業上の情報も含まれる。

解答は次ページ　177

なお、著作権法上は問題なくても、データが不正競争防止法の営業秘密や限定提供データに当たる場合には利用の制約を受けるので注意が必要です。

6　学習済みモデルの知的財産権

　学習済みモデルは、基本的には知的財産として著作権法や特許法、不正競争防止法の保護の対象となります。

◆著作権

　著作権法はアルゴリズムについては保護しませんが、マニュアルやプログラムコード、データベースなどは保護の対象となります。

◆特許か営業秘密か

　特許権は出願して登録を受けた場合に限って保護される権利です。取得にはある程度時間がかかり、出願内容は一般に公開されます。そのため発明をあえて出願せず、企業内で秘密として管理する方法もあります。その場合は営業秘密として、不正競争防止法による保護の対象となります。

　学習済みモデルを営業秘密として保護しようとする場合は、営業秘密の要件である秘密管理性や非公知性を満たすために、学習済みモデルに暗号化などの処理をほどこしておくのが適切です。

7　AIが生成したデータの著作権

　AIの活用がすすむにつれ、現行法では想定していなかった問題も生じています。たとえば、AIが生成したデータの知的財産権はどのように扱えばよいでしょうか？

　日本の現行の制度では、次のように整理されています（知的財産権推進会議2019）。

> ①利用者の創作的寄与等が認められるものについては、「AIを道具として利用した創作」として、利用者に著作権がある。
> ②AIが自律的に生成した「AI創作物」については、現行の著作権法上は著作物とは認められない。

　前ページの解答　×（書面によるデータは限定提供データには該当しない）

AIと個人情報保護

AIの開発や利用に必要な個人情報の利用に関する事項について説明します。

▼講師から一言

個人情報保護法とEU一般データ保護規則（GDPR）についてはよく出題されます。

キーワード 個人情報保護法、個人識別符号、個人データ、保有個人データ、要配慮個人情報、匿名加工情報、仮名加工情報、EU一般データ保護規則、データポータビリティ権、プロファイリング規制、プライバシー・バイ・デザイン、透明性レポート

1 個人情報とは

機械学習で用いる学習用のデータには、何らかの**個人情報**が含まれるケースがよくあります。個人情報の利用は、**個人情報保護法**という法律で規制されているので、取扱いに注意が必要です。

①個人情報

個人情報保護法は、個人情報を次のように定義しています。

生存する個人に関する情報であって、次のいずれかに該当（がいとう）するもの
①氏名、生年月日その他の記述等により特定の個人を識別することができるもの
②個人識別符号が含まれるもの

個人識別符号とは、個人に割り当てられた番号や、個人を識別するためのデー

○か×か

著作物を機械学習の学習用データとして利用しようとする場合は、原則として著作権者から許諾を得なければならない。

タで、具体的にはマイナンバー、基礎年金番号、免許証番号、指紋認証データ、顔認証データ、遺伝子データなどが該当します。これらは単独で個人情報となります。

　なお、個人情報は「生存する個人」が対象となることから、死者の情報は原則として個人情報に含まれません。ただし死者に関する情報は、死者本人ではなく、その遺族などの個人情報になる場合があります。

②個人データと保有個人データ

　個人情報データベース等（名簿や住所録など）で管理されている個人情報を**個人データ**といいます。また個人データのうち、事業者が開示・修正・削除などの権限をもっているものを、**保有個人データ**といいます。

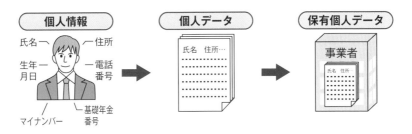

　なお、保有個人データには、その個人データの存否が明らかになることで本人に危害が及んだり、公益が損なわれたりするものは含まれません。

2　個人情報取扱事業者の義務

　個人情報を業務で取り扱う事業者は、個人情報の取得や利用、保管などについて、次ページの表のような義務を負います。

　なお、個人情報のうち、本人の人種、信条、病歴、犯罪歴など、特に配慮が必要なものを**要配慮個人情報**（ようはいりょ）といいます。要配慮個人情報は、本人の同意なく収集したり、第三者に提供することが禁じられています（オプトアウト不可）。

> **memo**
> **オプトアウト**
> 利用者が拒否の意思表示を示さない限り、同意しているとみなすこと。反対に、利用者が明確に同意しない限り拒否しているとみなすことをオプトインといいます。

　前ページの解答　×（一定要件のもとで許諾なしに利用できる）

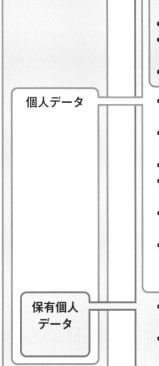

個人情報取扱事業者の義務

個人情報
- 取得時に利用目的を特定し、その目的以外に使用しないこと
- 不正な手段によって取得しないこと
- 取得時に利用目的を本人に通知、または公表すること
- 苦情は適切かつ迅速に処理するよう努めること

個人データ
- 個人データは正確かつ最新の内容に保つよう努めること
- 漏えいや破壊を防止するため、適切な安全管理措置を講ずること
- 個人データを取り扱う従業者を適切に監督すること
- 個人データの取扱いを委託する場合は、委託先を適切に監督すること
- 本人の同意を得ずに第三者に提供しないこと（同意はオプトアウトでも可）
- 第三者に個人データを提供したときや、第三者から個人データの提供を受けたときは、必要な事項を記録し、一定期間保存すること

保有個人データ
- 保有個人データに関する事項は、本人の知りうる状態に置くこと
- 保有個人データは、本人からの請求に応じて開示・内容の訂正・利用停止等を行うこと

3 匿名加工情報と仮名加工情報

　たとえば、ポイントカードの購入履歴や交通系 IC カードの乗降履歴といった**ビッグデータ**には個人情報が含まれるため、第三者に提供したり、本来の目的と異なる用途で利用するには、あらためて本人の同意が必要です。この制限は、個人情報保護の観点では適切ですが、ビッグデータを機械学習の学習用データとして利用する場合には問題になります。

○か×か

存否が明らかになることにより、本人の生命に危害が及ぶおそれがある個人データについては、個人情報保護法の保有個人データに含まれる。

そこで個人情報保護法では、個人情報を保護しつつ情報解析などに利用可能なものとして、**匿名加工情報**を定めています。

さらに2020年の改正個人情報保護法では、新たに**仮名加工情報**が導入され、個人情報を機械学習に利用しやすくしています。

①匿名加工情報

個人情報を、特定の個人を識別できないように加工し、元の個人情報を復元できないようにしたものを**匿名加工情報**といいます。たとえば、氏名、住所、個人識別符号といった個人を識別できる情報を削除したり、元を推測できないものに置き換えます。

作成した匿名加工情報は、原則として本人の同意なく目的外利用や第三者提供ができます。

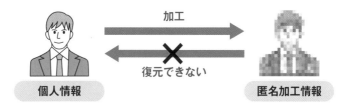

なお、匿名加工情報を取り扱う事業者には、次のような義務が課せられます。

- 匿名加工情報を作成したときは、その情報に含まれる情報の項目を公表すること。
- 匿名加工情報を第三者に提供するときは、提供する情報の項目や提供方法を公表すること。
- 作成した匿名加工情報を利用する場合は、元の個人を特定するために他の情報と照合しないこと。
- 匿名加工情報を作成した場合は、安全管理措置や苦情処理の方法、内容の公表について自主的な措置を講ずるよう努めること。

ポイント

匿名加工情報は、原則として本人の同意なく目的外利用・第三者提供ができる。

 前ページの解答 ×（含まれる→含まれない）

　仮名加工情報は、他の情報と照合しない限り特定の個人情報を復元できないように加工したものです。個人を識別できる情報を削除する点は匿名加工情報と同様ですが、他の情報と照合すれば個人情報を復元できる点で、匿名加工情報より生のデータに近くなっています。

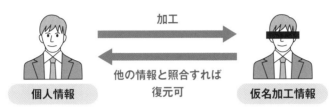

個人情報　　　加工　　　仮名加工情報

他の情報と照合すれば
復元可

　仮名加工情報は、本人の同意なく目的外利用ができます。これにより、機械学習の学習用データなどへの活用がしやすくなります。ただし、仮名加工情報を第三者に提供することはできません（委託先には提供可能）。

ポイント　仮名加工情報は目的外利用はできるが、第三者への提供はできない。

仮名加工情報を規定した改正個人情報保護法は、2022年4月1日に施行予定です。

4　EU 一般データ保護規則

　2018 年に適用が開始された **EU 一般データ保護規則**（**GDPR**：General Data Protection Regulation）は、欧州経済領域（EEA：European Economic Area）内の個人データ保護に関する法律です。保護の対象は EEA 域内にいる個人の情報で、氏名、住所、メールアドレスなどのほか、日本の法律では単独では個人情報

○か×か

特定の個人を識別できないように個人情報を加工したものは、他の情報と照合することで復元可能なものであっても匿名加工情報に含まれる。

とみなされないインターネットのCookieやGPSの位置情報、IPアドレスなども、個人情報とみなします。

GDPRはEEA域内の企業に適用される法律ですが、次のような場合には、EEA域内に現地法人などの拠点がない日本企業に対してもGDPRが適用されるケースがあります。

●EEA域内の利用者に物品やサービスを提供する場合

例 日本のネット通販サイトがEU向けにページを設け、そのページにアクセスした利用者から個人データを取得する場合

●EEA域内の利用者をモニタリング（監視）する場合

例 購入履歴からおすすめ商品を提案する「リコメンド機能」や、アクセス履歴から興味のありそうな広告を表示する「ターゲティング広告」などのために個人データを解析する場合

GDPRの特色のひとつに、**データポータビリティ権**があります。これは、あるサービスが収集・蓄積した利用者の個人データを、利用者本人が持ち出して、他のサービスに移転することができる権利です。

この権利は、自分の個人データに関する管理権限を本人に帰属させるだけでなく、GAFAなどの巨大IT企業が独占する個人情報を新興企業でも利用可能にし、新たなサービスを創出するねらいがあります。

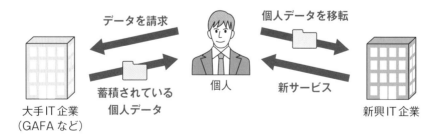

　前ページの解答　×（復元可能なものは匿名加工情報に含まれない）

プロファイリングとは、収集した個人データをコンピュータで自動的に解析し、利用者の行動特性を推測・予測する手法です。GDPR では、利用者にとって法的効力や重大な影響をおよぼすような決定を、プロファイリングによって自動的に処理することを規制しています。

たとえばローン審査や就職の採用をプロファイリングに基づいて自動化する場合などが規制対象になります。

5　プライバシー・バイ・デザイン

個人情報保護が国内外で法制化されるにしたがい、AI 技術の利用には、個人情報の流出や濫用といったリスクがともなうようになりました。

プライバシー・バイ・デザイン（Privacy by Design: PbD）は、プライバシー対策を事前に考慮し、システムの設計段階から防止策を組み込もうとする設計思想で、最近ではとくに重要性が見直されています。

6　透明性レポート

透明性レポートとは、企業が利用者の個人情報をどのように収集し、利用・保護するかについて、基本的な方針や実施状況を示したものです。Google、Amazon、Facebook といった IT 企業各社は、透明性レポートを定期的に公開しています。

第6章　ディープラーニングの社会実装

○か×か

EU 一般データ保護規則（GDPR）は、個人の名前や住所、クレジットカード情報ばかりでなく、位置情報や Cookie の情報も個人情報とみなしている。

05 AIと信頼性

頻出度

「説明可能なAI」と、AI技術の悪用やAIへの攻撃についてまとめました。

▼講師から一言

説明可能なAIについてはよく出題されています。

キーワード ブラックボックス化、説明可能なAI、ディープフェイク、アドバーサリアル・エグザンプル、自律型致死兵器

1 説明可能なAI（XAI）

ディープラーニングは、入力データから人間には判別できないような特徴も抽出することで、高精度の予測や認識を可能にしています。しかし予測の精度が高くなるほど、コンピュータの予測の判断根拠が人間には理解できなくなるという問題が生まれました。これを**AIのブラックボックス化**といいます（28ページ）。

しかし、判断根拠が明確でなければ、人間がAIを信頼して活用していくことはできません。とくに医療診断や法的判断のような重大な結果を招く可能性のある推論については、その根拠を明らかにする必要があります。

AIの推論の根拠を、人間が理解できるようにする技術を**説明可能なAI（XAI:**

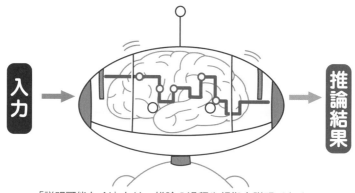

「説明可能なAI」とは、推論の過程や根拠を説明できる。

Explainable AI の略）といいます。2016 年、アメリカの DARPA（国防高等研究計画局）は、説明可能な AI に関する研究プロジェクトに関する投資プログラムを開始しました。これをきっかけに、説明可能な AI に関する研究が世界的な広がりをみせています。

　現在研究がすすんでいる説明可能な AI へのアプローチとしては、予測結果に対してどの学習データが重要だったかを可視化するものや、予測結果に対する各特徴量の貢献度を定量化して示すものなどがあります。

2　ディープフェイク

　AI 技術の進展によって現れた新しい脅威のひとつに、**ディープフェイク**があります。

　ディープフェイクは、GAN などの深層生成モデル（129 ページ）や、音成合成といったディープラーニング技術を使って作成された本物そっくりの画像や動画です。こうした技術は映画製作などによく使われていますが、詐欺やポルノグラフィに悪用される場合もあることから、問題になっています。

　また、選挙においては特定の候補者の発言を捏造してネガティブキャンペーンに用いる場合もあり、民主主義の脅威ともなっています。

　ディープフェイクに対しては、アメリカ、中国など一部の国で規制のための法整備がすすんでいます。一方、ディープフェイク検出ツールの開発もはじまっており、いくつかの企業が開発を支援しています。

本人が話している動画

×

別人の顔

口の動きは本人のまま別人が話しているように合成

○か×か
推定結果の根拠を人間が AI に対して説明する AI を、説明可能な AI（XAI）という。

第6章 ディープラーニングの社会実装

3　アドバーサリアル・エグザンプル

　ディープフェイクは AI 技術を使って人をだます行為ですが、反対に AI をだますための技術も出現しています。

　画像認識では、入力画像にわずかな摂動（せつどう）（小さなずれ）を加えると、見た目はほとんど変わらないにも関わらず、画像を正しく認識できなくなることが明らかになっています。

　学習済みのモデルが誤認識するようにわざと加工したデータを**アドバーサリアル・エグザンプル**（adversarial example）といいます。

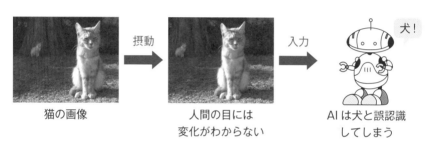

猫の画像　　　　　　人間の目には　　　　　AI は犬と誤認識
　　　　　　　　　　変化がわからない　　　　してしまう

4　自律型致死兵器（ちし）

　人間の関与なしに自律的に攻撃目標を設定でき、殺傷能力をもつ兵器を**自律型致死兵器**（ちし）といいます。

　自律型致死兵器の開発には、国際人道法や倫理的な観点から強い反対の声があります。2018 年、韓国の科学技術院（KAIST）が研究所を設立し、自律型兵器など AI を活用した軍事研究を産学連携（れんけい）ですすめていくと報じられました。これに対し、世界各国の AI 研究者約 60 人は公開書簡を公表し、「AI を活用した軍事研究をやめない限り、KAIST との協力関係をとりやめる」と宣言します。宣言を受け、KAIST 側は「自律型兵器を開発する予定は一切ない」と表明しました。

　AI の軍事利用をどこまで認めるべきかについては様々な議論があります。2019 年には、国連の**特定通常兵器使用禁止制限条約**（CCW）の枠組みで、「兵器による攻撃の判断には人間が関与しなければならない」とする指針が採択されました。日本政府は自律型致死兵器について開発を行う意図はないとしています。

　AI 兵器を禁止する国際的な規約は現状では存在しません。Google をはじめとする複数の民間企業は、「AI を兵器開発に使わない」とする原則を定めています。

確認問題

次の文章の[   ]内に入る適切な語句を答えなさい。

解 答

❶ 2021 年現在、日本政府は SAE J3016 基準で[   ]の自動運転車の実用化を目標としている。

❶ レベル 3（169 ページ）

❷ 自動運転の実用化に向けた法整備として、2019 年に[   ]が改正され（2020 年施行）、高速道路渋滞時など一定の条件のもとで、自動運転中に運転手がスマートフォンなどを操作することが認められた。

❷ 道路交通法（170 ページ）

❸ 自動運転車の保安基準として 2019 年に道路運送車両法が改正され、自動運転車に[   ]の搭載が義務付けられた。

❸ 作動状態記録装置（170 ページ）

❹ ロボットの強化学習などに用いる手法で、複数の異なる形式のデータを使って学習することを[   ]という。

❹ マルチモーダル学習（170 ページ）

❺ 従来は人間が行っていた定型的な業務を、ソフトウェアロボットによって代行・自動化する技術を[   ]という。

❺ RPA（171 ページ）

❻ 日本の内閣府が 2019 年 3 月に公表した AI の開発・活用に関するガイドラインを[   ]という。

❻ 人間中心の AI 社会原則（172 ページ）

❼ 欧州委員会が 2019 年 4 月に公開した「信頼できる AI」のガイドラインを[   ]という。

❼ 信頼性を備えた AI のための倫理ガイドライン（173 ページ）

❽ OECD（経済協力開発機構）の閣僚理事会で 2019 年 5 月に採択された AI に関する国際ガイドラインを[   ]という。

❽ AI に関する理事会勧告（174 ページ）

❾ IEEE（米国電気電子学会）が 2019 年 3 月に初版を公表した AI 開発の原則を[   ]という。

❾ 倫理的に調和された設計（174 ページ）

第6章 ディープラーニングの社会実装

❿ Amazon、Google、Facebook、IBM、Microsoft などアメリカのIT企業を中心に設立され、2016年にAI開発における倫理原則「信条」を公開した団体を□□□□という。

❿ Partnership on AI（174ページ）

⓫ 民間団体のFLI（The Future of Life Institute）が2017年に提案したAIに関する原則を□□□□という。

⓫ アシロマAI原則（174ページ）

⓬ 企業の従業員が職務上行った発明を□□□□といい、企業が特許を受ける権利を取得した場合などには、発明者は相当の利益を受ける権利を有する。

⓬ 職務発明（176ページ）

⓭ 不正競争防止法で保護される営業上の機密を□□□□といい、侵害行為に対しては差止請求や損害賠償請求ができ、刑事罰も適用される。

⓭ 営業秘密（177ページ）

⓮ 携帯電話の位置情報やカーナビの地図データなど、一定の条件で利用者に提供される相当量のデータを□□□□といい、侵害行為については差止請求や損害賠償請求ができる。

⓮ 限定提供データ（177ページ）

⓯ 個人情報保護法によれば、個人情報とは生存する個人に関する情報であって、①氏名、生年月日その他の記述等により特定の個人を識別することができるもの、または、②□□□□が含まれるものをいう。

⓯ 個人識別符号（179，180ページ）

⓰ 名簿や住所録などの個人情報データベース等で管理されている個人情報を□□□□といい、事業者が開示・修正・削除などの権限をもつものを□□□□という。

⓰ 個人データ、保有個人データ（180ページ）

⓱ 個人情報のうち、本人の人種、信条、病歴、犯罪歴など、特に配慮が必要なものを□□□□といい、本人の同意なく収集したり、第三者に提供することは禁じられている。

⓱ 要配慮個人情報（180ページ）

⓲ 個人情報を、特定の個人を識別できないように加工し、元の個人情報を復元できないようにしたものを□□□□といい、一定の要件を満たせば本人の同意なく目的外利用や第三者提供ができる。

⓲ 匿名加工情報（182ページ）

❿ 他の情報と照合しない限り、復元できないように加工した個人情報を [＿＿＿] といい、一定の要件を満たせば本人の同意なく目的外利用ができる。

❿ 2018 年に適用が開始された欧州経済領域（EEA）内の個人データ保護に関する法律を [＿＿＿] という。

㉑ EEA 域内に現地法人などの拠点がない日本企業であっても、Cookie などで EEA 域内の利用者を [＿＿＿] する場合には、GDPR の規制対象となる場合がある。

㉒ GDPR で認められている権利で、あるサービスが収集・蓄積した利用者の個人データを、利用者本人が持ち出して、他のサービスに移転することができる権利を [＿＿＿] という。

㉓ 収集した個人データをコンピュータで自動的に解析し、利用者の行動特性を推測・予測する手法を [＿＿＿] といい、GDPR では規制の対象となっている。

㉔ システムの設計段階からプライバシー保護を考慮して、対策を組み込む設計思想を [＿＿＿] という。

㉕ 企業が利用者の個人情報をどのように収集し、利用・保護するかについて、基本的な方針や実施状況を公表したものを [＿＿＿] という。

㉖ AI の推論の根拠を、人間が理解できるようにする技術を [＿＿＿] という。

㉗ ディープラーニング技術を使って作成された本物そっくりの画像や動画を [＿＿＿] という。

㉘ 人間には簡単に正解を判別できるが、学習済みのモデルが誤認識してしまうように加工したデータを [＿＿＿] という。

第6章 ディープラーニングの社会実装

191

❷❾人間の関与なしに自律的に攻撃目標を設定でき、殺傷能力をもつ兵器を[ ]という。

❷❾ 自律型致死兵器
（188ページ）

❸⓿2018年、韓国の[ ]がAIを活用した軍事研究を産学連携ですすめていくと報道されると、世界各国のAI研究者は「協力関係をとりやめる」と宣言した。

❸⓿ 科学技術院(KAIST)
（188ページ）

❸❶2019年、国連の[ ]の締約国は「兵器による攻撃の判断には人間が関与しなければならない」とする国際的な指針が採択された。

❸❶ 特定通常兵器使用禁止制限条約（CCW）
（188ページ）

第 7 章

ディープラーニング
のための数理・統計

01 線形代数

ディープラーニングでは、内部で大量のベクトルや行列の演算を行っています。線形代数は、ベクトルや行列を扱う数学です。

▼ 講師から一言

線形代数に関する出題はほとんどありませんが、解説を理解するための基礎知識として学習する必要があります。

キーワード ベクトル、ノルム、行列、アフィン変換、テンソル

1 ベクトル

物理学などで扱うベクトルは、一般に「大きさと方向をもった量」と説明されますが、線形代数では「複数の値をひとまとめにした量」を**ベクトル**といいます。

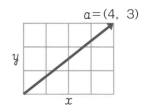

たとえば2次元ベクトル$a = (4, 3)$は、4と3の2つの値を要素としてもつベクトルです。これはグラフではx方向に4、y方向に3の大きさをもつベクトルとして表せます。

同様に、3次元ベクトル$b = (4, 3, 2)$は、x方向に4、y方向に3、z方向に2の大きさをもつベクトルとして表せます。

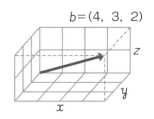

4次元以上のベクトルは図で表すことはできませんが、考え方は同じです。一般に、n次元のベクトルは、

$$v = (v_1, v_2, v_3, \cdots, v_n)$$

のようなn個の値のまとまりです。

ベクトルの大きさを**ノルム**といいます。ノルムの測り方には、成分ごとの絶対

値を合計する**L1 ノルム**（マンハッタン距離）と、成分の 2 乗和の平方根を求める**L2 ノルム**（ユークリッド距離）があります（106 ページ）。

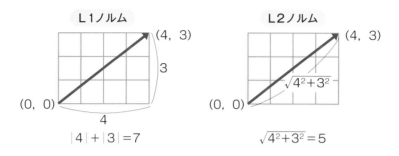

L1ノルム

L2ノルム

(4, 3)

3

(0, 0)

4

$|4|+|3|=7$

(4, 3)

$\sqrt{4^2+3^2}$

(0, 0)

$\sqrt{4^2+3^2}=5$

　図のように、始点から終点まで格子に沿ってすすんだ距離が L1 ノルム、始点から終点までの直線距離が L2 ノルムと考えれば理解しやすいでしょう。

2　行列

　右図のように、数や文字をヨコとタテに並べ、両側をカッコで囲んだものを**行列**といいます。

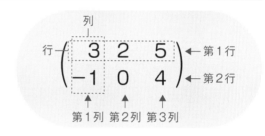

列

行

$\begin{pmatrix} 3 & 2 & 5 \\ -1 & 0 & 4 \end{pmatrix}$

← 第1行
← 第2行

第1列　第2列　第3列

　ヨコの並びが行、タテの並びが列です。たとえば行の数が2、列の数が3の行列は「2行3列の行列」または「2×3行列」といいます。

　行列を構成する個々の数字を**要素**または**成分**といい、i 行目 j 列目の数字を「(i, j) 要素」「(i, j) 成分」といいます。

例：$\begin{pmatrix} 3 & 2 & 1 \\ 4 & 0 & -1 \\ 2 & 6 & 3 \end{pmatrix}$ ➡ $(2, 3)$ 要素 $= -1$

2行目　3列目

○か×か

ベクトルの各成分の二乗和の平方根を L1 ノルムという。

◆行列の和と差

2つの行列の和と差は、2つの行列の同じ位置にある要素同士をそれぞれ足し算・引き算します。

例：$\begin{pmatrix} 5 & 2 \\ 4 & 3 \end{pmatrix} + \begin{pmatrix} 2 & -1 \\ 3 & 0 \end{pmatrix} = \begin{pmatrix} 5+2 & 2-1 \\ 4+3 & 3+0 \end{pmatrix} = \begin{pmatrix} 7 & 1 \\ 7 & 3 \end{pmatrix}$

◆行列の実数倍

ある行列に実数 k を掛けると、その行列のすべての要素に k を掛けた行列になります。

例：$3\begin{pmatrix} 2 & -3 \\ 0 & 1 \end{pmatrix} = \begin{pmatrix} 3\cdot 2 & 3\cdot(-3) \\ 3\cdot 0 & 3\cdot 1 \end{pmatrix} = \begin{pmatrix} 6 & -9 \\ 0 & 3 \end{pmatrix}$

◆行列同士の掛け算

2つの行列 A と B の積は、行列 A の i 行目と行列 B の j 列目を、先頭から順に掛け合わせて合計し、i 行 j 列目の要素とします。

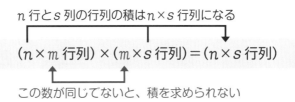

一般に、$n \times m$ 行列と $m \times s$ 行列の積は、$n \times s$ 行列になります。左側の列の数と右側の行の数が同じでないと、掛け算はできません。

n 行と s 列の行列の積は $n \times s$ 行列になる

$$(n \times m\ \text{行列}) \times (m \times s\ \text{行列}) = (n \times s\ \text{行列})$$

この数が同じでないと、積を求められない

（2×2 行列）×（2×2 行列）＝（2×2 行列）の場合

$$\begin{pmatrix} a & b \\ c & d \end{pmatrix}\begin{pmatrix} e & f \\ g & h \end{pmatrix} \qquad \begin{pmatrix} a & b \\ c & d \end{pmatrix}\begin{pmatrix} e & f \\ g & h \end{pmatrix}$$

$$\underset{2\times2}{\begin{pmatrix} a & b \\ c & d \end{pmatrix}} \underset{2\times2}{\begin{pmatrix} e & f \\ g & h \end{pmatrix}} = \begin{pmatrix} ae+bg & af+bh \\ ce+dg & cf+dh \end{pmatrix} \blacktriangleleft 2\times2\ \text{行列}$$

$$\begin{pmatrix} a & b \\ c & d \end{pmatrix}\begin{pmatrix} e & f \\ g & h \end{pmatrix} \qquad \begin{pmatrix} a & b \\ c & d \end{pmatrix}\begin{pmatrix} e & f \\ g & h \end{pmatrix}$$

$$\begin{pmatrix} 1 & 2 \\ 3 & 1 \end{pmatrix}\begin{pmatrix} 2 & 4 \\ 1 & 0 \end{pmatrix} \qquad \begin{pmatrix} 1 & 2 \\ 3 & 1 \end{pmatrix}\begin{pmatrix} 2 & 4 \\ 1 & 0 \end{pmatrix}$$

例：$\begin{pmatrix} 1 & 2 \\ 3 & 1 \end{pmatrix}\begin{pmatrix} 2 & 4 \\ 1 & 0 \end{pmatrix} = \begin{pmatrix} 1\cdot2+2\cdot1 & 1\cdot4+2\cdot0 \\ 3\cdot2+1\cdot1 & 3\cdot4+1\cdot0 \end{pmatrix} = \begin{pmatrix} 4 & 4 \\ 7 & 12 \end{pmatrix}$

$$\begin{pmatrix} 1 & 2 \\ 3 & 1 \end{pmatrix}\begin{pmatrix} 2 & 4 \\ 1 & 0 \end{pmatrix} \qquad \begin{pmatrix} 1 & 2 \\ 3 & 1 \end{pmatrix}\begin{pmatrix} 2 & 4 \\ 1 & 0 \end{pmatrix}$$

　ニューラルネットワークでは、行列の積の演算が大量に行われます。右図のようなネットワークを例に考えてみましょう。

　ニューラルネットワークの各ユニットでは、入力値に**重み**を掛けた値の総和に、**バイアス**を加えた値を求めます（84 ページ）。したがって y_1、y_2 の値はそれぞれ次のように求められます。

$$y_1 = ax_1 + bx_2 + cx_3 + \ell$$
$$y_2 = dx_1 + ex_2 + fx_3 + m$$

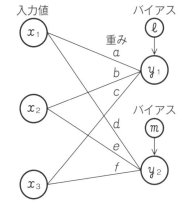

入力値　　　バイアス

重み

◯か×か

$\begin{pmatrix} 1 & 3 \\ 5 & 2 \end{pmatrix}\begin{pmatrix} 2 & -1 \\ 0 & 3 \end{pmatrix} = \begin{pmatrix} 2 & -9 \\ 10 & 1 \end{pmatrix}$ である。

この計算は、次のような行列の掛け算でまとめて表すことができます。このような計算を**アフィン変換**といいます。

$$\begin{pmatrix} y_1 \\ y_2 \end{pmatrix} = \begin{pmatrix} \overbrace{a \quad b \quad c}^{\text{重み}} & \overset{\text{バイアス}}{\ell} \\ d \quad e \quad f & m \end{pmatrix} \begin{pmatrix} x_1 \\ x_2 \\ x_3 \\ 1 \end{pmatrix}$$

ニューラルネットワークでは、このような行列の演算を大量に行います。

3 テンソル

ベクトルや行列のように、複数の数を配列したものをまとめて**テンソル**といいます。ベクトルは数を1方向に並べたものなので「1階のテンソル」、行列はヨコとタテの2方向に並べたものなので「2階のテンソル」です。

3階や4階のテンソルを考えることもできます。たとえば、カラー画像は1ピクセルにつきR、G、Bの3つの値をもつので、3階のテンソルとみなすことができます。

テンソルという場合は、一般に3階以上のものを考えることが多いでしょう。

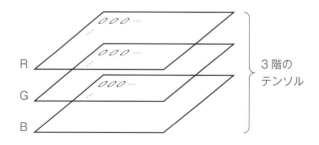

　前ページの解答　$\times \begin{pmatrix} 2 & 8 \\ 10 & 1 \end{pmatrix}$

02 基礎解析

頻出度

微分に関する知識は、誤差逆伝播法や最適化について理解するための基本になります。

▼ 講師から一言

高校数学で習った微分と、極大点・極小点について復習しておきましょう。

キーワード 微分係数、導関数、偏微分、極大点、極小点

1 微分

　微分とは、簡単にいえば「変数のごくわずかな変化に対する出力値の変化量」のことです。たとえば、次のような関数 $y = f(x)$ のグラフを考えます。

　変数 x の値が a から $a + h$ に変化すると、$f(x)$ の値は $f(a)$ から $f(a + h)$ に変化します。このとき、関数 $f(x)$ の変化率は、

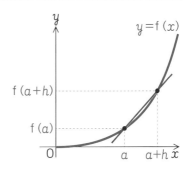

$$変化率 = \frac{f(a+h) - f(a)}{(a+h) - a} = \frac{f(a+h) - f(a)}{h}$$

と書けます。この値は、グラフ上の2点 $(a, f(a))$ と $(a + h, f(a + h))$ を通る直線の傾きを表します。

◯か×か

ニューラルネットワークにおいて、ニューロンの出力をアフィン変換する関数を活性化関数という。

第7章　ディープラーニングのための数理・統計

ここで、x の増分 h の値を小さくしていくと、グラフ上の2点間の距離が小さくなります。h を限りなくゼロに近づけると、2点間を通る直線は、$x = a$ で曲線と接する接線になります。

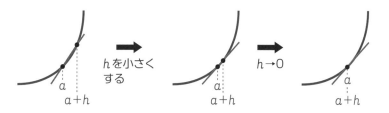

　この接線の傾きを、関数 $f(x)$ の $x = a$ における**微分係数**といい、次のような式で表します。「$\lim\limits_{h \to 0}$」は h を限りなくゼロに近づけるという意味です。

$$f'(a) = \lim_{h \to 0} \frac{f(a+h) - f(a)}{h}$$

　上の式の a の値を変数 x に置き換えると、関数 $f(x)$ の微分係数を求める関数になります。

$$f'(x) = \lim_{h \to 0} \frac{f(x+h) - f(x)}{h}$$

　この式を関数 $f(x)$ の**導関数**といい、導関数を求めることを「**微分する**」といいます。一般に、関数 $f(x)$ の導関数を $f'(x)$ と書きます。また、$y = f(x)$ の導関数を、y'、あるいは $\dfrac{dy}{dx}$ と書きます。
　高校数学では、導関数を求める次のような基本公式を習います。

---

① $y = a$ の微分：$y' = 0$
② $y = ax^n$ の微分：$y' = anx^{n-1}$
③ $y = f(x) \pm g(x)$ の微分：$y' = f'(x) \pm g'(x)$

例：$y = 5$ の微分　➡　$y' = 0$
　　$y = 3x^2$ の微分　➡　$y' = 6x$
　　$y = x^3 - 3x^2 + 4x + 1$ の微分　➡　$y' = 3x^2 - 6x + 4$

　前ページの解答　×（アフィン変換ではなく、非線形な変換を加える）

2 偏微分

　偏微分は、変数が複数ある関数についての微分です。たとえば、次のような関数を考えてみましょう。

$$z = x^2 + y^2 + 3xy$$

　この関数では、変数が x と y の2つあるため、x の微分と y の微分の2種類が考えられます。このうち x を微分するときは、変数 y を定数とみなし、x について微分します。これを x についての偏微分といい、$\dfrac{\partial z}{\partial x}$ と書きます。

$$\frac{\partial z}{\partial x} = \frac{\partial}{\partial x}(x^2 + \overset{\text{定数}}{y^2} + \overset{\text{定数}}{3y}x) = 2x + 3y$$

　同様に、x を定数とみなして y についてだけ微分すれば、y についての偏微分 $\dfrac{\partial z}{\partial y}$ になります。

$$\frac{\partial z}{\partial y} = \frac{\partial}{\partial y}(\overset{\text{定数}}{x^2} + y^2 + \overset{\text{定数}}{3x}y) = 2y + 3x$$

3 グラフの極大値・極小値

　図のようなグラフで表される関数について考えます。点 a、b、c は、いずれも局所的にみると最大または最小の値をとっています。このように、値が局所的に最大または最小になる点を、**極大点**または**極小点**といいます。

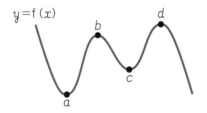

○か×か

　$y = x^2 + 3x + 5$ の導関数は、$y' = x + 3$ である。

第7章　ディープラーニングのための数理・統計

解答は次ページ　201

極大点や極小点では、グラフの接線が水平になります。接線の傾きはその点における微分係数ですから、関数 $f(x)$ が $x = a$ で極値をとるなら、$x = a$ における微分係数は 0 になります。すなわち、$f'(a) = 0$ になります。

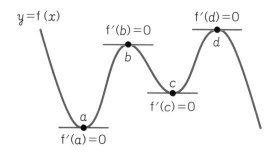

　接線の傾きが 0 というだけでは、上の図のように極小値か極大値かわかりません。そこで $f(x)$ の微分をさらに微分して、その微分係数 $f''(a)$ を求めます。

　$x = a$ における接線の傾きが 0 で、$f''(a) > 0$ なら、点 a より前の接線の傾きは負、点 a より後の接線の傾きは正なので、グラフは下図（左）のようになります。すなわち、関数 $f(x)$ は $x = a$ において極小値をとります。

　また、$x = a$ における接線の傾きが 0 で、$f''(a) < 0$ なら、点 a より前の接線の傾きは正、点 a より後の接線の傾きは負なので、グラフは下図（右）のようになります。すなわち、関数 $f(x)$ は $x = a$ において極大値をとります。

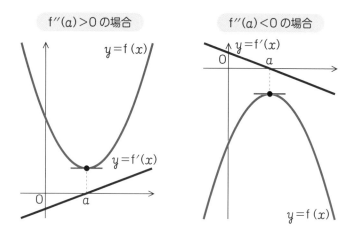

　前ページの解答　$\times$ $(y' = 2x + 3)$

確率・統計

頻出度

機械学習では、確率・統計的な考え方が非常に重要です。

▼講師から一言

確率・統計に関しては毎回出題があります。

キーワード 確率変数、確率分布、期待値、分散、標準偏差、ベイズの定理、事後確率、正規分布、標準化、ポアソン分布

1 確率分布

サイコロの目のように、ある確率によって値が決まる変数を**確率変数**といいます。サイコロを1回振って、1〜6の目が出る確率はいずれも $\frac{1}{6}$ です。サイコロの出る目と対応する確率を表にまとめると、次のようになります。

確率変数	1	2	3	4	5	6	合計
確率	$\frac{1}{6}$	$\frac{1}{6}$	$\frac{1}{6}$	$\frac{1}{6}$	$\frac{1}{6}$	$\frac{1}{6}$	1

確率変数の値ごとの確率の分布を**確率分布**といいます。

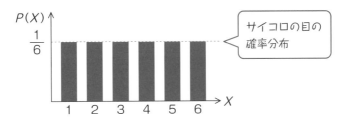

サイコロの目の確率分布

〇か×か

関数 $y = -x^2 + 4x - 1$ は、$x = 2$ のとき極小値の3になる。

第7章 ディープラーニングのための数理・統計

2 期待値

確率変数の確率を加味した平均を**期待値**といいます。確率変数 X が x_1, x_2, $\cdots$, x_n の値をとり、対応する確率が p_1, p_2, $\cdots$, p_n（ただし、$p_1 + p_2 + \cdots + p_n = 1$）であるとき、

確率変数 X	x_1	x_2	$\cdots$	x_n	合計
確率 $P(X)$	p_1	p_2	$\cdots$	p_n	1

確率変数 X の期待値 $E(X)$ は、次のように求めることができます。

$$\text{期待値}: E(X) = x_1 p_1 + x_2 p_2 + \cdots + x_n p_n$$

たとえば、サイコロの出る目の期待値は、サイコロの目を確率変数 X とすれば、次のようになります。

X	1	2	3	4	5	6	合計
$P(X)$	$\frac{1}{6}$	$\frac{1}{6}$	$\frac{1}{6}$	$\frac{1}{6}$	$\frac{1}{6}$	$\frac{1}{6}$	1

$$E(X) = 1 \times \frac{1}{6} + 2 \times \frac{1}{6} + 3 \times \frac{1}{6} + 4 \times \frac{1}{6} + 5 \times \frac{1}{6} + 6 \times \frac{1}{6} = \frac{7}{2} = 3.5$$

3 分散と標準偏差

分散は、値のばらつきの度合いを表す統計量です。確率変数 X が x_1, x_2, $\cdots$, x_n の値をとり、対応する確率が p_1, p_2, $\cdots$, p_n（ただし、$p_1 + p_2 + \cdots + p_n = 1$）のとき、分散 $V(X)$ は次のように求められます（注：X の期待値を μ とします）。

$$\text{分散}: V(X) = (x_1 - \mu)^2 \cdot p_1 + (x_2 - \mu)^2 \cdot p_2 + \cdots + (x_n - \mu)^2 \cdot p_n$$

上の式中の $(x_1 - \mu)$、$(x_2 - \mu)$、$\cdots$ は、確率変数の各値と期待値との差で、**偏差**といいます。つまり、分散とは偏差を 2 乗したものの期待値です。

また、分散の平方根を**標準偏差**といいます。

前ページの解答 ×（極大値の 3 になる）

$$標準偏差：\sigma = \sqrt{V(X)}$$

　たとえば、サイコロの出る目の分散 $V(X)$ と標準偏差 σ は、それぞれ次のように計算できます。

$$V(X) = \left(1 - \frac{7}{2}\right)^2 \times \frac{1}{6} + \left(2 - \frac{7}{2}\right)^2 \times \frac{1}{6} + \cdots + \left(6 - \frac{7}{2}\right)^2 \times \frac{1}{6}$$

$$= \frac{35}{12} \fallingdotseq 2.92$$

$$\sigma = \sqrt{\frac{35}{12}} \fallingdotseq 1.71$$

4　期待値と分散の公式

期待値と分散には次のような公式が成り立ちます。

> 公式① 　期待値：$E(aX+b) = aE(X) + b$
> 　　②　 分　散：$V(aX+b) = a^2V(X)$

　たとえば、サイコロを1回振り、出た目の10倍＋1個のリンゴをもらえるくじがあるとしましょう。もらえるリンゴの個数ごとの確率分布は次のようになります。

個数	11	21	31	41	51	61
確率	$\frac{1}{6}$	$\frac{1}{6}$	$\frac{1}{6}$	$\frac{1}{6}$	$\frac{1}{6}$	$\frac{1}{6}$

　確率分布表より、もらえるリンゴの個数の期待値と分散は次のように計算できます。

○か×か

当たりを引くと1,000円もらえるが、はずれを引くと100円を支払わなければならないくじがある。10本のうち1本が当たりの場合、このくじでもらえる賞金の期待値は10円となる。

期待値：$E(10X+1)=11 \times \dfrac{1}{6}+21 \times \dfrac{1}{6}+\cdots+61 \times \dfrac{1}{6}=36$

分散：$V(10X+1)=(11-36)^2 \times \dfrac{1}{6}+(21-36)^2 \times \dfrac{1}{6} \fallingdotseq 292$

しかし公式①②を使えば、サイコロの目の期待値と分散がそれぞれ $E(X)=3.5$、$V(X)=2.92$ であることから、

$$E(10X+1)=10E(X)+1=10 \times \underset{\underset{\text{期待値}}{}}{3.5}+1=36$$
$$V(10X+1)=10^2V(X)=10^2 \times \underset{\underset{\text{分散値}}{}}{2.92}=292$$

のように計算できます。

> 公式③　$E(X+Y)=E(X)+E(Y)$
> ④　$V(X+Y)=V(X)+V(Y)$ $\left.\right\}$ X と Y が互いに独立
> ⑤　$E(XY)=E(X)E(Y)$ $\qquad$ している場合

公式③は、2つの確率変数の和の期待値が、それぞれの確率変数の期待値の和に等しいことを示します。たとえば、サイコロを2個振って出た目の和の期待値は、1個のサイコロの目の期待値がそれぞれ 3.5 なので、

$$E(X+Y)=E(X)+E(Y)=3.5+3.5=7$$

となります。また分散についても、2個のサイコロはそれぞれ独立している（互いの結果に影響されない）ので公式④が成り立ち、

$$V(X+Y)=V(X)+V(Y)=2.92+2.92=5.84$$

となります。

また、サイコロを2個振って出た目の積の期待値は、2個のサイコロはそれぞれ独立しているので公式⑤が成り立ち、

$$E(XY)=E(X)E(Y)=3.5 \times 3.5=12.25$$

となります。

　前ページの解答　○（－100円 × 9/10 ＋ 1,000円 × 1/10）

5　ベイズの定理

　事象 A が起こる確率を $P(A)$、事象 A が起きたとき、事象 B が起きる確率（条件付き確率）を $P(B\,|\,A)$ と書きます。$P(B\,|\,A)$ は次の式で求められます。これを**ベイズの定理**といいます。

$$\text{ベイズの定理}：P(B\,|\,A) = \frac{P(B)P(A\,|\,B)}{P(A)}$$

例題　ある工場で生産した製品全体の不良品率は2％である。この工場では、製品全体の40％を機械Bで生産しており、機械Bの不良品率は3％であることがわかっている。工場で生産された製品が不良品であるとき、それが機械Bで生産されたものである確率を求めよ。

　製品が不良品である確率を $P(A)$、機械Bで生産された製品である確率を $P(B)$ とすると、$P(A) = 0.02$，$P(B) = 0.4$ です。

　また、機械Bで生産された製品のうち、その製品が不良品である条件付き確率は $P(A\,|\,B) = 0.03$ です。

　以上から、製品が不良品であるとき、それが機械Bで生産されたものである確率 $P(B\,|\,A)$ は、ベイズの定理より、

$$P(B\,|\,A) = \frac{P(B)P(A\,|\,B)}{P(A)} = \frac{0.4 \times 0.03}{0.02} = 0.6$$

と求められます。

　この例題で、不良品の原因が機械Bである確率を求めたように、ベイズの定理では、事象 A が起こる原因が事象 B である確率を求めます。このような確率を**事後確率**（原因の確率）といいます。

○か×か

２つの確率変数が独立でない場合、２つの確率変数の和の分散は、それぞれの確率変数の分散の和に等しい。

第7章　ディープラーニングのための数理・統計

解答は次ページ

6 正規分布

<ruby>正<rt>せい</rt>規<rt>き</rt>分<rt>ぶん</rt>布<rt>ぷ</rt></ruby>

たとえば「18歳以上の日本人をランダムに1人選んだとき、その身長が X である確率」の分布を考えます。

サイコロの目の確率分布は、確率変数が1, 2, 3, …といった飛び飛びの値をとる離散型の分布でしたが、身長は0以

平均身長　　　身長

上の連続的な値になります。また、その確率の分布は、18歳以上の日本人の平均身長になる確率がもっとも高くなると予想できます。グラフにすると、上図のような左右対称の釣り鐘型になります。このような確率分布を**正規分布**といいます。

平均 μ、標準偏差 σ の正規分布を $N(\mu, \sigma^2)$ と書きます。正規分布のグラフは平均 μ を中心とする左右対称形で、標準偏差 σ が大きいほど形がなだらかになります。数式では次のような**確率密度関数**で表します。

$$f(x) = \frac{1}{\sqrt{2\pi}\,\sigma} \exp\left(-\frac{(x-\mu)^2}{2\sigma^2}\right)$$

また、平均0, 標準偏差1の正規分布を**標準正規分布**といいます。

平均 μ、標準偏差 σ の正規分布にしたがう確率変数 X に対し、

$$Z = \frac{X - \mu}{\sigma}$$

である確率変数 Z は、標準正規分布にしたがいます。このような変換を**標準化**といいます。

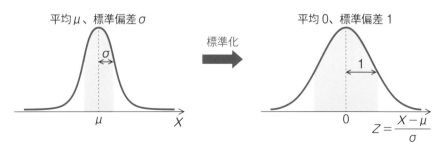

　前ページの解答　×（2つの確率変数が独立でない場合→2つの確率変数が独立の場合）

7 ポアソン分布

　ある期間に平均 λ 回発生する事象があるとします。λ は平均なので、実際には 0 回だったり、10 回だったりします。そこで実際に起こる回数を X とすると、X = 0 の確率、X = 1 の確率のように、X を確率変数として考えることができます。このように、「ある期間に平均 λ 回起こる事象が、その期間に X 回起こる確率」を**ポアソン分布**といいます。

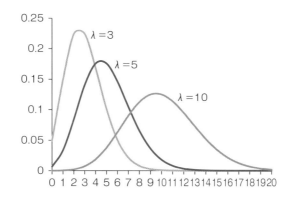

　上の図のように、ポアソン分布の形は、平均発生回数 λ の値によって異なります。
　一般に、一定時間内に稀にしか起こらない事象の発生確率は、ポアソン分布にしたがいます。たとえば、工場で生産する製品 1 ロットに含まれる不良品の個数や、ある交差点で 1 年間に発生する交通事故の件数などは、ポアソン分布にしたがいます。
　ポアソン分布を用いて、稀にしか起こらない事象の発生回数を予測する手法を**ポアソン回帰**といいます。

第7章

ディープラーニングのための数理・統計

○か×か

　ある一定時間内に稀にしか起こらない事象の発生回数の確率分布は、正規分布にしたがう。

04 相関関係

頻出度

相関関係は、機械学習で非常に重要な概念です。

▼講師から一言

相関関係に関する用語を理解しておきましょう。

キーワード 散布図、正の相関、負の相関、共分散、相関係数、回帰直線、偏相関係数、決定係数

1 正の相関と負の相関

たとえば、その日の平均気温とアイスクリームの売上を、(21.7℃, 40,000円)のように組にしたデータが複数あるとします。横軸に平均気温、縦軸に売上をとったグラフに、(21.7, 40,000)の点をプロットします。すべてのデータをプロットすると、右図のような**散布図**ができます。

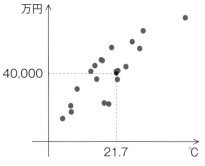

点の散らばり具合が右肩上がりになっているのは、「平均気温が上昇すると、アイスクリームの売上が増加する」傾向があるということを示しています。このように、データの一方が増加すると、もう一方も増加する傾向がある場合を**正の相関**といいます。

反対に、データの一方が増加すると、もう一方は減少する傾向がある場合、点の散らばり具合は右肩下がりになります。このような傾向を**負の相関**といいます。

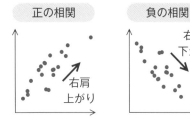

前ページの解答 ×（正規分布→ポアソン分布）

2 共分散と相関係数

相関には強弱があります。散布図は2つのデータの相関が強いほど細い帯状にまとまり、相関関係が弱いほど広い範囲に散らばります。

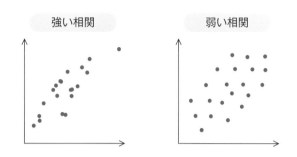

相関の強弱を見た目ではなく定量的に表す指標として、共分散と相関係数があります。

共分散は、2つのデータの偏差同士の積の平均値です。共分散の値が正の数のときは正の相関、負の数のときは負の相関となり、絶対値が大きいほど相関が強いことを表します。

一方、**相関係数**は、共分散を2つのデータの標準偏差の積で割ったもので、相関の度合いを−1〜1の範囲で表します。

3 回帰直線

相関関係にあるデータを散布図で表すと、右肩上がりまたは右肩下がりの範囲に点が集まります。点が集まる範囲は相関が強いほど1本の直線に近づいていきます。

> **◯か×か**
>
> 2つの変数において一方が増加すると、他方も増加する傾向があるとき、2つの変数には正の相関がある。

第7章 ディープラーニングのための数理・統計

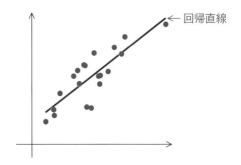

この直線を**回帰直線**といいます。回帰直線の式は、一般に次のように求めることができます。

$$y - \overline{y} = \frac{S_{xy}}{S_x{}^2}(x - \overline{x})$$

※ $\overline{x}$：xの平均値　　$\overline{y}$：yの平均値
$S_x{}^2$：xの分散　　S_{xy}：xとyの共分散

回帰分析ではxを説明変数、yを目的変数といい、回帰直線によってxの値からyの値を予測します。たとえば、その日の予想平均気温から、アイスクリームの売上を予測できるようになります。

4 偏相関係数

たとえば、市町村ごとのコンビニの店舗数と家賃相場とを調べたところ、コンビニの多い市町村ほど家賃が高い傾向があったとします。

だからといって、コンビニの店舗数と家賃とに直接関係があるとは限りません。むしろ、コンビニの店舗数も家賃も、人口密度という第三の因子と強い相関関係があると考えられます。

そこで人口密度とコンビニ店舗数、家賃との相関を調べたところ、どちらも強い正の相関があることがわかりました。

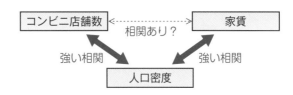

コンビニの店舗数と家賃との間の純粋な相関関係を調べるには、両者の間から、

人口密度の影響を取り除いた相関を考える必要があります。たとえば、コンビニ店舗数、家賃、人口密度のそれぞれの間の相関係数を次のとおりとしましょう。

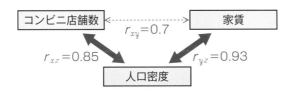

人口密度の影響を取り除いたコンビニの店舗数と家賃の相関係数は、次のように計算できます。

$$r_{xy \cdot z} = \frac{r_{xy} - r_{xz} r_{yz}}{\sqrt{1 - r_{xz}{}^2} \sqrt{1 - r_{yz}{}^2}} = \frac{0.7 - 0.85 \times 0.93}{\sqrt{1 - 0.85^2} \sqrt{1 - 0.93^2}} \fallingdotseq -0.47$$

このように、第三の因子の影響を除いた2変数間の相関係数を**偏相関係数**といいます。この例の場合、コンビニの店舗数と家賃との間は、偏相関係数でみると弱い負の相関であることがわかります。

5 決定係数

回帰分析の予測値が、実際の値と一致する度合いを**決定係数**といいます。決定係数は0〜1の実数で、値が大きいほど回帰直線の予測精度(当てはまりの良さ)が高いことを示します。

🔻覚える 統計量のまとめ

分散	偏差の2乗の平均
共分散	偏差同士の積の平均
相関係数	相関の度合いを表す指標
偏相関係数	他の変数の影響を除いた相関の度合いを表す指標
決定係数	回帰分析の当てはまりの良さを表す指標

○か×か
相関係数は、2変数間の相関の度合いを0〜1の値で表した指標である。

第7章 ディープラーニングのための数理・統計

解答は次ページ 213

確認問題

次の文章の□□□内に入る適切な語句を答えなさい。

解　答

❶ベクトルの各成分の絶対値の和を□□□という。

❶ L1ノルム (195ペー ジ)

❷ベクトルの各成分の2乗和の平方根を□□□という。

❷ L2ノルム (195ペー ジ)

❸ベクトルや行列のように、複数の数を配列したものをまとめて□□□という。

❸ テンソル (198ペー ジ)

❹偏差を2乗したものの期待値（平均）を□□□という。

❹ 分散 (204ページ)

❺2つのデータの偏差同士の積の平均値を□□□という。

❺ 共分散 (211ページ)

❻分散の平方根を□□□という。

❻ 標準偏差 (204ペー ジ)

❼一定期間内に稀にしか発生しない事象の発生回数を確率変数とする確率分布は、一般に□□□にしたがう。

❼ ポアソン分布 (209 ページ)

❽2変数の相関の度合いを−1～1の範囲で表した指標を□□□という。

❽ 相関係数 (211ペー ジ)

❾第三の因子の影響を除いた2変数間の相関の度合いを表す指標を□□□という。

❾ 偏相関係数 (213ページ)

❿回帰分析の当てはまりの良さを0～1の範囲で表した指標を□□□という。

❿ 決定係数 (213ペー ジ)

第 **8** 章

模擬試験

この模擬試験では学習のしやすさを考慮し、対応する章ごとに問題を分類して配列しています。実際の試験では、問題はランダムに出題されるので注意してください。

試験時間：120 分

第 1 章　人工知能（AI）とは

☐ **1** AI 研究には過去に 2 度のブームが起こり、現在は第 3 次 AI ブームと言われている。終焉を迎えた過去のブームのうち、第 1 次 AI ブームの時代に用いられた手法として、最も適切な選択肢を 1 つ選べ。

A　分類と回帰

B　知識と対話

C　推論と探索

D　確率と統計

☐ **2** AI 研究には過去に 2 度のブームが起こり、現在は第 3 次 AI ブームと言われている。終焉を迎えた過去のブームのうち、第 2 次 AI ブームの時代に登場したものとして、最も適切な選択肢を 1 つ選べ。

A　機械学習

B　エキスパートシステム

C　統計的自然言語処理

D　イライザ

☐ **3** 1984 年にダグラス・レナートによって提唱され、「現代版バベルの塔」とも呼ばれる人間の一般常識をデータベース化する取り組みの名称として、最も適切な選択肢を 1 つ選べ。

A　コグニティブコンピューティング

B　強い AI

C　第五世代コンピュータ

D　Cyc プロジェクト

□ **4** 第2次AIブームの時代に、コンピュータに蓄積するための知識を表現するために提唱されたもので、言葉同士の意味関係を定義するものを何というか。最も適切な選択肢を1つ選べ。

A 意味ネットワーク
B シンボルグラウンディング
C 分散表現
D 単語埋め込みモデル

□ **5** AI研究には過去に2度のブームが起こり、現在は第3次AIブームと言われている。過去2度のAIブームと比較すると、第3次AIブームは何の時代と言われているか。最も適切な選択肢を1つ選べ。

A 自然言語
B 知識表現
C 深層学習
D 強いAI

□ **6** IBMが開発したチェスAIで、当時の世界チャンピオンに勝利するほどの実力に達したものとして、最も適切な選択肢を1つ選べ。

A アルファゼロ
B ワトソン
C ディープブルー
D 東ロボくん

□ **7** 近年、統計的自然言語処理の活用が大きく進んだ理由として、最も適切な選択肢を1つ選べ。

A 政府の支援により、実用レベルの自然言語処理エンジンが開発されたため。
B インターネットの普及により、分析対象となるテキストの量が増加したため。
C ハードウェア技術の進歩により、大規模な辞書を高速に検索可能になったため。
D エキスパートシステムの進展により、知識の蓄積が実用レベルに達したため。

□ **8** 以下の文章を読み、空欄に最もよく当てはまる選択肢を1つ選べ。

第1次AIブームは現実的な進展が周囲の期待に追いつかず終焉を迎えるが、その原因のひとつとして、この時代に用いられた手法では[＿＿＿]しか解くことができず、適用できる範囲が限定的だったことを挙げることができる。

A 回帰問題

B 非線形問題

C ウィキッド・プロブレム

D トイ・プロブレム

□ **9** コンピュータにとっては、知能テストやパズルを解くより、人間の1歳児レベルの知恵や運動スキルを実現するほうがはるかに困難であると言われる。この問題を何というか。最も適切な選択肢を1つ選べ。

A オントロジー問題

B モラベックのパラドクス

C ノーフリーランチ定理

D みにくいアヒルの子定理

□ **10** 以下の文章を読み、空欄に最もよく当てはまる選択肢を1つ選べ。

言葉同士の意味関係をいくら正確に定義したとしても、それらの言葉を現実世界の概念と結び付けたことにはならない。この問題は[＿＿＿]と呼ばれている。

A シンボルグラウンディング問題

B フレーム問題

C 知識獲得のボトルネック

D シンギュラリティ

□ **11** 以下の①～③の記述に最も関係が深い用語の組み合わせとして、適切な選択肢を1つ選べ。

①与えらえた課題に関連する事柄を選び出すことが難しいという問題

② AIが人間の知能を凌駕し、技術開発速度が爆発的に加速する時点のこと

③ AI がなぜそのように判断したのかという根拠がわかりにくいという問題

A	①ブラックボックス	②シンギュラリティ	③フレーム
B	①ブラックボックス	②フレーム	③シンギュラリティ
C	①フレーム	②シンギュラリティ	③ブラックボックス
D	①フレーム	②ブラックボックス	③シンギュラリティ

□ **12** 人工知能に関連するワークショップやシンポジウムが開催される国際会議の名称として、最も不適切な選択肢を 1 つ選べ。

A　ICML
B　NeurIPS
C　GDPR
D　IJCAI

第 2 章　機械学習の具体的手法

□ **13** ある店舗で、毎日の平均気温とアイスクリームの売上個数の関係を調べたところ、両者の間に相関関係が見られた。そこで単回帰分析を行ったところ、下記のような結果を得た。

目的変数 y：アイスクリームの売上個数
説明変数 x：平均気温
説明変数の係数：3
y 切片：15

　この分析結果から、平均気温が 24 度のときのアイスクリームの売上個数は何個と予想できるか。

A　57
B　72
C　87
D　117

□ **14** 教師あり学習で扱う問題には、分類問題と回帰問題がある。このうちの回帰問題の例として、最も適切な選択肢を1つ選べ。

A 住所、土地面積、築年数などから不動産の価格を予測する。

B アンケートの文章を解析し、高評価か低評価かを判定する。

C 4科目からなる学力テストの結果から、理系か文系かを予測する。

D 入力された画像から、写っている物体を識別する。

□ **15** ロジスティック回帰において、

①2値分類を行う際に用いる関数
②多クラス分類に用いる関数

の組合せとして、最も適切な選択肢を1つ選べ。

	①	②
A	ソフトマックス関数	シグモイド関数
B	シグモイド関数	ソフトマックス関数
C	尤度関数	ソフトマックス関数
D	尤度関数	シグモイド関数

□ **16** サポートベクトルマシン（SVM）において、線形分離するために一部のサンプルの誤分類にあえて寛容になる工夫を何というか。最も適切な選択肢を1つ選べ。

A ハードマージン

B マージン最大化

C スラック変数

D カーネルトリック

□ **17** サポートベクトルマシン（SVM）で用いられるカーネル法の説明として、最も適切な選択肢を1つ選べ。

A 高次元のベクトル計算を簡略化する。

B 誤分類に寛容になることで線形分離可能にする。

C データを高次元空間に埋め込むことで線形分離可能にする。

D 数値を正規化してから入力する。

□ **18** 以下の文章を読み、空欄に最もよく当てはまる選択肢を1つ選べ。

決定木は、□□□□を繰り返すことによって、木が枝分かれしてくようにデータの分類や予測を行うモデルである。

A 条件分岐

B 次元削減

C ブースティング

D クラスタリング

□ **19** 以下の文章を読み、空欄に最もよく当てはまる選択肢を1つ選べ。

決定木を分類問題に適用する際には、□□□□を基準としてデータを分割する。

A 損失関数の値の最小化

B マージンの最大化

C 尤度の最大化

D 情報利得の最大化

□ **20** 以下の文章を読み、空欄に最もよく当てはまる選択肢を1つ選べ。

未学習のデータに対する汎化性能を向上させるために複数のモデルを組み合わせ、各モデルの出力の平均もしくは多数決をとる手法を□□□□という。

A アンサンブル学習

B サポートベクトルマシン

C オートエンコーダ

D ボルツマンマシン

□ **21** 特徴量の数が多いデータセットに対し、ランダムフォレストを用いて分析を行った場合に得られるものとして、最も適切な選択肢を 1 つ選べ。

A 特徴量ごとの相関

B 決定木ごとの決定係数

C 特徴量ごとの重要度

D 次元圧縮されたデータ表現

□ **22** 複数のモデルの学習を並列にすすめ、各モデルの結果の平均や多数決で出力を決めるアンサンブル学習の手法はどれか。最も適切な選択肢を 1 つ選べ。

A バギング

B ブースティング

C SVM

D ナイーブベイズ

□ **23** AR モデルや ARMA モデルなどの自己回帰モデルを使った事例として、最も適切な選択肢を 1 つ選べ。

A スパムメールフィルタ

B 手書き文字認識

C プロジェクションマッピング

D 株価予測

□ **24** カルマンフィルタは、過去の状態の推定値と現在の不確実な観測値をもとに、現在の状態を推定する手法である。この手法を活用した技術の事例として、最も適切な選択肢を 1 つ選べ。

A 迷惑メールの判別

B カーナビゲーション

C 顔認証

D スマートスピーカー

□ **25** 状態空間モデルに関する説明として、最も適切な選択肢を1つ選べ。

A 自己回帰モデル（AR、ARMA、ARIMA）の予測精度を向上させたモデルである。

B ARモデルやARIMAモデルを、状態空間モデルとして表すことはできない。

C 時系列データを状態方程式と観測方程式を用いて表現する。

D パラメータ推計にカルマンフィルタを用いることはできるが、マルコフ連鎖モンテカルロ法を用いることはできない。

□ **26** 教師なし学習の手法で、あらかじめ決められた数のクラスタごとに重心を求め、各データを最も近いクラスタに紐付ける作業を繰り返してデータを分類する手法は何か。最も適切な選択肢を1つ選べ。

A k-平均法（k-means法）

B 主成分分析（PCA）

C t-SNE法

D ロジスティック回帰

□ **27** 以下の文章を読み、空欄に最もよく当てはまる選択肢を1つ選べ。
データ視覚化や次元削減に用いられるt-SNE法は、データ間の距離の確率分布として_____を用いた手法である。

A 正規分布

B ポアソン分布

C カイ2乗分布

D t分布

第8章 模擬試験〔問題〕

□ **28** 強化学習の枠組みで学習することが適した課題として、最も適切な選択肢を1つ選べ。

A 大量のテキストデータを解析して、ある単語の次に続く単語を予測する。

B 歩いた距離を報酬として、ロボットの歩行制御を学習する。

C 大量の画像を学習データとして、顔写真から性別を判別する。

D 大量に蓄積した過去の棋譜データを探索して、囲碁の次の一手を決める。

□ **29** 強化学習における用語の説明として、最も適切な選択肢を 1 つ選べ。

A 学習の主体をエージェントという。

B 学習主体がある状態において選択する行動の確率分布を環境という。

C 学習主体が試行を開始してから終了するまでの一連の過程をイテレーションという。

D 学習主体が選択した行動によって得られる最終的な報酬の期待値を方策（policy）という。

□ **30** 強化学習における行動価値関数の説明として、最も適切な選択肢を 1 つ選べ。

A 行動と価値を引数とし、その行動によって見込める将来的な報酬の総和を返す。

B 状態と行動を引数とし、その行動によって見込める将来的な報酬の総和を返す。

C 行動と即時報酬を引数とし、現在までに獲得した報酬の総和を返す。

D 状態と行動を引数とし、現在までに獲得した報酬の総和を返す。

□ **31** 強化学習におけるベルマン方程式の説明として、最も適切な選択肢を 1 つ選べ。

A 学習に必要な計算量を見積もる式である。

B 探索と利用の最適な割合を導出する式である。

C 現在の状態や行動の価値を再帰的に定義する式である。

D ある状態において、特定の行動を選択する確率を導出する式である。

□ **32** 強化学習において、時刻 t における報酬和 G_t を求める式として、最も適切な選択肢を 1 つ選べ。ただし、割引率を γ、時刻 $t+1$ 以降の各時刻における即時報酬を R_{t+1}, R_{t+2}, $\cdots$, R_{t+k} とする。

A $G_t = R_{t+1} + \gamma R_{t+2} + \gamma R_{t+3} + \cdots + \gamma R_{t+k}$

B $G_t = R_{t+1} + \gamma G_{t+1} + \gamma G_{t+2} + \cdots + \gamma G_{t+k}$

C $G_t = \gamma R_{t+1} + \gamma^2 R_{t+2} + \gamma^3 R_{t+3} + \cdots + \gamma^k R_{t+k}$

D $G_t = R_{t+1} + \gamma G_{t+1}$

---

33 以下に挙げる手法のうち、強化学習で用いられる手法として、最も不適切な選択肢を 1 つ選べ。

A Q 学習

B DP マッチング

C 方策勾配法

D モンテカルロ法

---

34 強化学習の学習手法の説明として、最も不適切な選択肢を 1 つ選べ。

A Q 学習は、更新前の Q 値と、実際に行動して得られた Q 値との差分をもとに、Q 値を更新していく手法である。

B 価値反復法のアルゴリズムでは、状態価値を 0 で初期化する。

C 方策ベースの手法は、各状態の価値を算出し、値が最も高い状態に遷移する行動を選択する。

D 方策勾配法は、報酬の勾配を評価し、より高い報酬に向かう勾配をたどって方策パラメータを最適化する手法である。

---

35 強化学習の手法である actor-critic 法において、アクター（actor）とクリティック（critic）の役割として最も適切な選択肢を 1 つ選べ。

A アクターは方策を更新し、クリティックは行動を選択する。

B アクターは状態の価値を推定し、クリティックは方策を更新する。

C アクターは報酬を推定し、クリティックは行動を選択する。

D アクターは行動を選択し、クリティックは状態の価値を推定する。

□ **36** 以下の文章を読み、空欄に最もよく当てはまる選択肢を1つ選べ。

方策勾配法において、方策パラメータを関数近似によって求めるアルゴリズムを □□□□□□アルゴリズムという。

A REINFORCE

B Deep Q-Learning

C SARSA

D MCTS（Monte Carlo Tree Search）

第3章　機械学習の実行

□ **37** 飛行機や自動車などの様々な種類の画像を数万枚集め、10 クラスまたは 100 クラスに分類したデータセットの名称として、最も適切な選択肢を1つ選べ。

A MNIST

B CIFAR

C ImageNet

D Open Images

□ **38** 0 から9までの手書き数字を 28 × 28 ピクセルのモノクロ画像で表した データセットの名称として、最も適切な選択肢を1つ選べ。

A MNIST

B CIFAR

C ImageNet

D Open Images

□ **39** インターネットから収集された 1400 万枚以上の画像を、語彙データベー ス WordNet から採られた語彙によってラベル付けしたデータセットの名称とし て、最も適切な選択肢を1つ選べ。

A MNIST

B CIFAR

C ImageNet

D Open Images

□ **40** 2017 年に Google が公開したデータセットである AVA に関する説明として、最も適切な選択肢を 1 つ選べ。

A 700 万件以上の YouTube 動画を 4800 クラスに分類した動画データセットである。

B 900 万枚の画像にアノテーションをほどこしたデータセットである。

C 1400 万枚以上の画像に WordNet から採用されたラベルを付けたデータセットである。

D 人間の基本的な動作を集めてラベルを付した動画のデータセットである。

□ **41** 機械学習におけるデータ拡張（data augmentation）について、最も不適切な選択肢を 1 つ選べ。

A 学習データが不足している場合に、データを水増しして機械学習の精度を高める。

B 元の画像を回転したり、拡大・縮小するだけでは、学習データを増やす効果はない。

C 自然言語処理分野では、単語を類義語や反意語に置き換えたり、語順を入れ替えるなどのデータ拡張法がある。

D データを多様化することで、過学習を防ぐ効果がある。

□ **42** パラメータ更新にかかわる単位であるエポックの説明として、最も適切な選択肢を 1 つ選べ。

A 訓練データ全体を何回繰り返したかを表す。

B 訓練データを分割したサブセットのデータ数を表す。

C パラメータが更新された回数を表す。

D 訓練データから検証データを除いたデータ数を表す。

□ **43** オーバーサンプリングの手法である SMOTE（Synthetic Minority Oversampling Technique）について、最も適切な選択肢を 1 つ選べ。

A 各クラスの分布を変えずにデータ量を増やす手法である。

B 少数クラスのデータを取り除いて、学習データを標準化する手法である。

C クラス分布に偏りがある場合に、少数クラスのデータ量を増やして分布を調整する手法である。

D クラス分布に偏りがある場合に、多数クラスのデータ量を減らして分布を調整する手法である。

□ **44** パラメータ更新にかかわる単位であるイテレーションの説明として、最も適切な選択肢を 1 つ選べ。

A 訓練データ全体を何回繰り返したかを表す。

B 訓練データを分割したサブセットのデータ数を表す。

C パラメータが更新された回数を表す。

D 訓練データから検証データを除いたデータ数を表す。

□ **45** 機械学習におけるハイパーパラメータに関する説明として、最も不適切な選択肢を 1 つ選べ。

A 学習によって更新されるパラメータである。

B ハイパーパラメータに設定する値が適切でないと、学習後のモデルの精度が低くなることがある。

C モデルの学習の過程で決定されないパラメータである。

D 候補となる値を複数用意し、それぞれで学習を行って最適な値を決定する手法をグリッドサーチという。

□ **46** データセットの一部を検証データに用いる場合について、最も適切な選択肢を 1 つ選べ。

A 訓練データの一部を検証データとして、テストの進捗状況を評価するのに用いる。

B 訓練データの一部を検証データとして、ハイパーパラメータの調整に用いる。

C テストデータから検証データを切り出し、テストの進捗状況を評価するのに用いる。

D テストデータから検証データを切り出し、ハイパーパラメータの調整に用いる。

□ 47 k- 分割交差検証について、最も不適切な選択肢を 1 つ選べ。

A データ件数が比較的少ない場合に用いると効果的である。

B 時系列データに対して用いるとデータリーケージが発生する場合がある。

C ホールドアウト検証と比べて、計算コストが小さくて済む。

D 検証結果の偏りが少ない。

□ 48 以下の文章を読み、空欄に最もよく当てはまる選択肢を 1 つ選べ。
教師あり学習の分類問題に関するモデルの性能を評価するために、本来 A に分類すべきデータを正しく A と判別した件数や、A に分類すべきデータを誤って B と判別した件数などをまとめたマトリックスを用いる。このマトリックスを ［　　　　］という。

A 転置行列

B 対称行列

C 混同行列

D 単位行列

□ 49 製造した製品が不良品かどうかを機械学習で判別するモデルを作成した。テストデータを用いて学習後のモデルの性能を評価したところ、正解率は 99％だった。この結果について、最も適切な選択肢を 1 つ選べ。

A テストデータの 99％が不良品ではなかったことを示す。

B データに含まれる不良品を 99％の確率で検出できることを示す。

C 不良品と判別した製品が 99％の確率で実際に不良品であることを示す。

D 正解率だけではモデルの性能を正しく評価できない。

（問 43 ～ 49 の解答：P276, 277） **229**

正解＼予測	陽性	陰性
陽性	TP	FN
陰性	FP	TN

適合率 ＝ ◻

A TP ／ (TP ＋ FN)

B TP ／ (TP ＋ FP)

C (TP ＋ TN) ／ (TP ＋ FP ＋ FN ＋ TN)

D (TP ＋ FN) ／ (TP ＋ FP ＋ FN ＋ TN)

□ **51** 2 クラス分類における次の混同行列について、空欄に最もよく当てはまる
選択肢を 1 つ選べ。

正解＼予測	陽性	陰性
陽性	TP	FN
陰性	FP	TN

再現率 ＝ ◻

A TP ／ (TP ＋ FN)

B TP ／ (TP ＋ FP)

C (TP ＋ TN) ／ (TP ＋ FP ＋ FN ＋ TN)

D (TP ＋ FN) ／ (TP ＋ FP ＋ FN ＋ TN)

□ **52** 迷惑メールかどうかを判定する 2 クラス分類モデルの評価指標について、
最も適切な選択肢を 1 つ選べ。

A 迷惑メールの見逃し件数が増加すると、適合率が低下なる。

B 非迷惑メールを迷惑メールと誤認する件数が増加すると、再現率が低下する。

C 適合率と再現率は、一般にトレードオフの関係にある。

D 適合率が 0.9、再現率が 0.6 のとき、F 値は 0.75 である。

□ **53** 0 から 9 の手書き数字の認識結果をまとめた次の混同行列について、最も適切な選択肢を 1 つ選べ。

予測

		0	1	2	3	4	5	6	7	8	9
	0	475	0	5	2	1	3	7	0	6	1
	1	1	485	2	0	0	0	2	10	0	0
	2	0	1	488	5	2	1	1	1	0	1
	3	0	0	3	489	1	4	2	1	0	0
正解	4	0	2	4	0	478	2	6	0	3	5
	5	2	1	3	7	0	476	7	3	1	0
	6	3	0	1	2	1	4	481	0	5	3
	7	0	19	5	3	0	2	0	468	2	1
	8	2	0	1	6	2	1	3	1	480	4
	9	1	0	0	4	5	6	2	1	6	475

A 手書き数字の 1 を 7 と誤分類している場合が最も多い。

B 手書き数字の 5 を 6 と誤分類している場合が最も多い。

C 手書き数字の 6 を 5 と誤分類している場合が最も多い。

D 手書き数字の 7 を 1 と誤分類している場合が最も多い。

□ **54** モデルの汎化誤差はバイアス、バリアンス、ノイズの 3 要素に分解できる。このうち、データセット自身に内包された誤差であって、学習モデルの評価指標には適さないものはどれか。最も適切な選択肢を 1 つ選べ。

A バイアス

B バリアンス

C ノイズ

D バイアスとバリアンス

（問 50 ～ 54 の解答：P277, 278） 231

□ **55** 図 A ～ D のうち、過学習をしている状態の図として、最も適切な選択肢を 1 つ選べ。

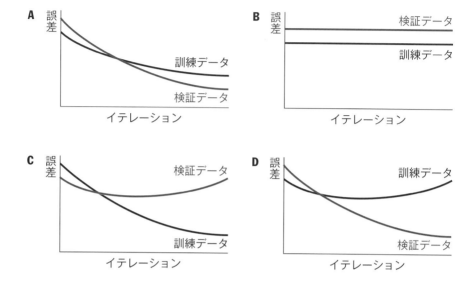

A

誤差

訓練データ

検証データ

イテレーション

B

誤差

検証データ

訓練データ

イテレーション

C

誤差

検証データ

訓練データ

イテレーション

D

誤差

訓練データ

検証データ

イテレーション

□ **56** 過学習と汎化誤差の関係について、最も適切な選択肢を 1 つ選べ。

A 過学習の状態が改善されると、バイアスが大きくなり、バリアンスが小さくなる。

B 過学習の状態が改善されると、バイアスが小さくなり、バリアンスが大きくなる。

C 過学習の状態が改善されると、バイアス、バリアンスが共に大きくなる。

D 過学習の状態が改善されると、ノイズが小さくなる。

□ **57** 過学習の防止に効果のある手法として、最も不適切な選択肢を 1 つ選べ。

A スパース化

B ベクトル化

C データ拡張

D L2 正則化

□ **58** 以下の文章を読み、空欄①に最もよく当てはまる選択肢を1つ選べ。

ニューラルネットワークの順伝播の計算では、前の層の出力に ① を乗じた値の総和に ② を加え、この値を ③ によって変換した値が、次の層に伝えられる。

A 学習率

B バイアス

C 活性化関数

D 重み

□ **59** 以下の文章を読み、空欄②に最もよく当てはまる選択肢を1つ選べ。

ニューラルネットワークの順伝播の計算では、前の層の出力に ① を乗じた値の総和に ② を加え、この値を ③ によって変換した値が、次の層に伝えられる。

A 学習率

B バイアス

C 活性化関数

D 重み

□ **60** 以下の文章を読み、空欄③に最もよく当てはまる選択肢を1つ選べ。

ニューラルネットワークの順伝播の計算では、前の層の出力に ① を乗じた値の総和に ② を加え、この値を ③ によって変換した値が、次の層に伝えられる。

A 学習率

B バイアス

C 活性化関数

D 重み

（問55〜60の解答：P278）

□ **61** 入力層と出力層の2つの層を用いてニューラルネットワークをモデル化したものを何というか。最も適切な選択肢を1つ選べ。

A オートエンコーダ

B 制限付きボルツマンマシン

C 単純パーセプトロン

D ディープニューラルネットワーク

□ **62** 以下の文章を読み、空欄に最もよく当てはまる選択肢を1つ選べ。
マービン・ミンスキーとシーモア・パパートは、1969年の共著『パーセプトロン』において、単純パーセプトロンは□□□□□ことを指摘した。

A 勾配消失を防ぐことができない

B 過学習を防ぐことができない

C 線形分離可能でない問題に対処できない

D 時系列データを処理することができない

□ **63** 以下の文章を読み、空欄に最もよく当てはまる選択肢を1つ選べ。
入力層と出力層の中間に隠れ層を設けた順伝播型のニューラルネットワークで、ディープラーニングモデルの原型となったモデルを□□□□□という。

A 単純パーセプトロン

B ボルツマンマシン

C 積層オートエンコーダ

D 多層パーセプトロン

□ **64** ニューラルネットワークにおいて、勾配消失問題が生じる原因として考えられるものはどれか。最も適切な選択肢を1つ選べ。

A ネットワークの層が深い。

B 学習データの件数が不足している。

C 計算量が大きすぎる。

D 隠れ層に用いる活性化関数の微分値が大きい。

□ **65** ニューラルネットワークにおいて、最初に出力に関する誤差関数の勾配を計算し、逆方向に伝播させることでパラメータを調整していく手法として、最も適切な選択肢を1つ選べ。

A 誤差逆伝播法

B 方策勾配法

C バッチ正規化

D 動的計画法

□ **66** 制限付きボルツマンマシンの説明として、最も適切な選択肢を1つ選べ。

A 制限付きボルツマンマシンを積み重ねて構成したネットワークを積層オートエンコーダという。

B 入力層と中間層、出力層の3層からなるネットワークである。

C 同じ層のユニット同士は結合をもたない。

D ディープラーニングに用いることはできない。

□ **67** 画像処理向けの並列計算を行うために開発されたプロセッサを、ディープラーニングの計算などに利用する技術の名称として、最も適切な選択肢を1つ選べ。

A CPU

B GPU

C TPU

D GPGPU

□ **68** 情報量を小さい順に並べたものとして、最も適切な選択肢を1つ選べ。

A 1PB、1EB、1YB、1ZB

B 1PB、1EB、1ZB、1YB

C 1EB、1PB、1ZB、1YB

D 1EB、1PB、1YB、1ZB

□ **69** 深層学習のフレームワークには、define-by-run、define-and-run と呼ばれる2つの方式がある。このうち define-by-run 方式を採用したフレームワークとして、最も不適切な選択肢を1つ選べ。

A TensorFlow（version 2）

B PyTorch

C scikit-learn

D Chainer

□ **70** インターネットには人工知能の技術者向けに情報共有や開発環境を提供する様々なサイトが存在する。そのうち論文の閲覧サイトとして、最も適切な選択肢を1つ選べ。

A GitHub

B Kaggle

C arXiv

D Coursera

□ **71** インターネットには人工知能の技術者向けに情報共有や開発環境を提供する様々なサイトが存在する。そのうち実装コードの公開サイトとして、最も適切な選択肢を1つ選べ。

A GitHub

B Kaggle

C arXiv

D Coursera

□ **72** インターネットには人工知能の技術者向けに情報共有や開発環境を提供する様々なサイトが存在する。投稿された課題に対して、最適な予測モデルや分析手法を競い合うプラットフォームとして、最も適切な選択肢を1つ選べ。

A GitHub

B Kaggle

C arXiv

D Coursera

□ **73** 多クラス分類を行うニューラルネットワークにおいて、出力層に用いる活性化関数として最も適切な選択肢を 1 つ選べ。

A シグモイド関数

B ソフトマックス関数

C 恒等関数

D ReLU 関数

□ **74** 二値分類を行うニューラルネットワークにおいて、出力層に用いる活性化関数として最も適切な選択肢を 1 つ選べ。

A シグモイド関数

B ソフトマックス関数

C 恒等関数

D ReLU 関数

□ **75** 誤差逆伝播における勾配消失が起こりにくいことから、ニューラルネットワークの層を深くすることができ、隠れ層の活性化関数として用いられるようになった関数はどれか。最も適切な選択肢を 1 つ選べ。

A シグモイド関数

B ソフトマックス関数

C 恒等関数

D ReLU 関数

第8章

模擬試験〔問題〕

(問 69 ～ 75 の解答：P279, 280)　**237**

☐ **76** 図 A 〜 D のうち、ReLU 関数のグラフとして、最も適切な選択肢を 1 つ選べ。

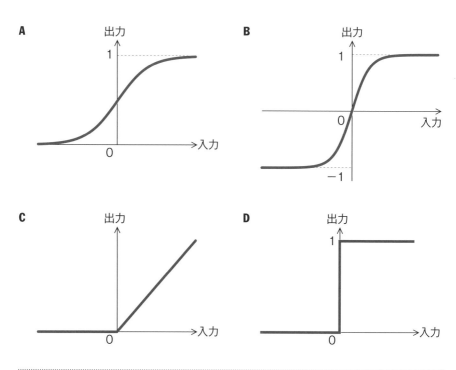

☐ **77** 以下の文章を読み、空欄に最もよく当てはまる選択肢を 1 つ選べ。

ニューラルネットワークにおいて、モデルの予測値と正解値との誤差を表す関数を [   ] といい、学習によってこの値がなるべく小さくなるようにパラメータを調整する。

A 活性化関数

B 損失関数

C 導関数

D 最小関数

☐ **78** 分類問題を解くニューラルネットワークのモデルの損失関数に用いられる誤差として、最も適切な選択肢を 1 つ選べ。

A 平均二乗誤差

B 平均絶対誤差

C MSLE

D 交差エントロピー誤差

---

79 確率変数 x に関する2つの確率分布 $p(x)$ と $q(x)$ があるとき、下記の式で表される指標をKLダイバージェンスという。この指標について、最も不適切な選択肢を1つ選べ。

$$D_{KL}(p||q) = \int_{-\infty}^{\infty} p(x) \log \frac{p(x)}{q(x)}$$

A −1〜1の値をとり、2つの確率分布の差異が大きいほど絶対値が大きい。

B $p(x) = q(x)$ のときゼロになる。

C 一般に、$D_{KL}(p||q) \neq D_{KL}(q||p)$ である。

D ニューラルネットワークにおいて、分類問題を解くモデルの損失関数に用いられる。

---

80 確率的勾配降下法の説明として最も適切な選択肢を1つ選べ。

A ヘッセ行列を用いて更新量を求める手法である。

B 更新するパラメータを確率的に決定する手法である。

C 学習データごとに勾配を求め、パラメータを逐次更新する手法である。

D 学習データ全体の誤差の総和から勾配を求め、パラメータを更新する手法である。

---

81 以下の文章を読み、空欄に最もよく当てはまる選択肢を1つ選べ。

勾配降下法のうち、イテレーションごとに一定数の訓練データを利用する手法を _____ という。

A フルセット学習

B バッチ学習

C ミニバッチ学習

D オンライン学習

□ **82** 以下の文章を読み、空欄に最もよく当てはまる選択肢を1つ選べ。

勾配降下法のうち、一度のパラメータ更新に訓練データ全体を利用する手法を[   ]という。

A フルセット学習

B バッチ学習

C ミニバッチ学習

D オンライン学習

□ **83** 以下の文章を読み、空欄に最もよく当てはまる選択肢を1つ選べ。

勾配降下法のうち、ひとつのサンプルごとにパラメータを更新する手法を[   ]という。

A フルセット学習

B バッチ学習

C ミニバッチ学習

D オンライン学習

□ **84** ニューラルネットワークにおいて、ハイパーパラメータに該当するものはどれか。最も適切な選択肢を1つ選べ。

A バイアス

B 学習率

C 重み

D 教師データの正解ラベル

□ **85** ニューラルネットワークにおける学習率に関する説明として、最も適切な選択肢を1つ選べ。

A 学習率の値が小さすぎると誤差が収束しない。

B 学習率の値が大きすぎると誤差が収束するまでに時間がかかる。

C 一般に、学習率の値が大きいほうが勾配消失は生じにくい。

D 学習率の値は適切な範囲で大きく設定したほうが学習が早く進む。

□ **86** 以下の文章を読み、空欄に最もよく当てはまる選択肢を 1 つ選べ。

ニューラルネットワークのモデルの学習で用いられる □□□□□ は、前回のパラメータの更新量を現在の更新に反映させることで、学習の停滞を防ぐ手法である。

A ニュートン法

B 最急降下法

C モーメンタム法

D RMSProp

□ **87** ニューラルネットワークの最適化手法のひとつで、RMSprop にモーメンタムの考え方を適用した手法はどれか。最も適切な選択肢を 1 つ選べ。

A Adam

B NAG

C AdamGrad

D AdaDelta

□ **88** ニューラルネットワークにおいて過学習を防止する手法のひとつで、学習の際に一部のノードをランダムに無効化する手法を何というか。最も適切な選択肢を 1 つ選べ。

A バッチ正規化

B ドロップアウト

C 早期終了

D L2 正則化

□ **89** ニューラルネットワークにおいて過学習を防止する手法のひとつで、パラメータのノルムにペナルティを課す手法はどれか。最も適切な選択肢を 1 つ選べ。

A バッチ正規化

B ドロップアウト

C 早期終了

D L2 正則化

□ **90** ニューラルネットワークにおいて過学習を防止する手法のひとつで、一部の層の出力を正規化する手法はどれか。最も適切な選択肢を 1 つ選べ。

A バッチ正規化

B ドロップアウト

C 早期終了

D L2 正則化

□ **91** バッチ正規化（batch normalization）の説明として、最も適切な選択肢を 1 つ選べ。

A 正則化の効果もあるといわれている。

B 活性化関数の出力をミニバッチ単位で平均 0、標準偏差 1 にスケーリングする。

C ドロップアウトと併用することはできない。

D バッチ正規化しない場合と比較して、学習が収束するまでに時間がかかる。

□ **92** 早期終了（early stopping）に関する説明として最も不適切な選択肢を 1 つ選べ。

A 検証データに対する評価指標が複数回悪化した場合に学習を打ち切る。

B 性能評価を行うイテレーションの周期をあらかじめ決めておく必要がある。

C 学習が打ち切られた時点のパラメータを最適値として採用する。

D 訓練データと検証データは切り分けておく必要がある。

□ **93** ドロップアウト（drop out）について、最も不適切な選択肢を 1 つ選べ。

A ニューラルネットワークの学習時に、一定割合のノードを無作為に不活性化させることで、過学習を抑制する。

B ニューラルネットワークに対して疑似的なアンサンブル学習を実現する方法とみなすことができる。

C 推論時にも、学習時と同じ割合のノードを無作為に不活性化させる。

D リカレントニューラルネットワーク（RNN）に用いても効果が期待できる。

□ **94** 以下の文章を読み、空欄に最もよく当てはまる選択肢を1つ選べ。
畳み込みニューラルネットワーク（CNN）において、畳み込み後の画像サイズが小さくなりすぎるのを防ぐため、元の画像の周囲を0などの固定データで埋めて画像を拡張することがある。この処理を◻◻◻◻◻という。

A プーリング
B パディング
C ストライド
D カーネル

第5章　ディープラーニングの手法

□ **95** 畳み込みニューラルネットワーク（CNN）の畳み込み層において、サイズ6×6の画像に対し、サイズ3×3のカーネルで畳み込み演算を行ったところ、出力サイズは2×2となった。ストライドはいくつだったか。最も適切な選択肢を1つ選べ。なお、パディングは行わないものとする。

A 1
B 2
C 3
D 4

□ **96** サイズ7×7の入力画像に対し、カーネルサイズ3×3、ストライド2で畳み込み演算を行う。出力画像のサイズとして、最も適切な選択肢を1つ選べ。なお、パディングは行わないものとする。

A 2×2
B 3×3
C 4×4
D 5×5

□ **97** 畳み込みニューラルネットワーク（CNN）におけるマックスプーリングとアベレージプーリングについて、最も不適切な選択肢を 1 つ選べ。

A マックスプーリングは、適用したカーネル内のピクセル値の最大値を代表値として出力する。

B アベレージプーリングは、適用したカーネル内のピクセル値の最頻値を代表値として出力する。

C カーネルサイズとストライド幅が同じなら、同一行列に対してどちらのプーリングを適用しても出力サイズは同じである。

D マックスプーリングでは、誤差を逆伝播するために、順伝播で採用した最大値の位置を記憶しておく必要がある。

□ **98** 畳み込みニューラルネットワーク（CNN）におけるグローバルアベレージプーリング（GAP）の処理として、最も適切な選択肢を 1 つ選べ。

A 各チャンネルの特徴マップの平均値を求める。

B 各チャンネルの特徴マップの最大値を求める。

C 全チャンネルの特徴マップのピクセル値の平均値を求める。

D 各チャンネルの特徴マップのピクセル値を並べた 1 次元データを求める。

□ **99** リカレントニューラルネットワーク（RNN）の説明として最も適切な選択肢を 1 つ選べ。

A 時系列データの予測は可能だが、次にくる単語の予測といった自然言語処理に用いることはできない。

B 状態空間モデルの状態方程式をニューラルネットワークで置き換えたモデルである。

C 内部に再帰構造を持つことにより、情報をさかのぼって記憶することができるようになったニューラルネットワークである。

D 時系列データの時刻をさかのぼって誤差を逆伝播することはできない。

□**100** リカレントニューラルネットワーク（RNN）を用いるのが最も不適切な選択肢を 1 つ選べ。

A 株価予測

B 機械翻訳

C 音声認識

D 画像認識

□**101** LSTM（Long Short-Term Memory）は、単純なリカレントニューラルネットワーク（RNN）のもつ問題点をゲート構造によって改善したモデルである。LSTM が改善した問題点として最も適切な選択肢を 1 つ選べ。

A 勾配消失や重み衝突が起こりやすい。

B 勾配爆発が起こりやすい。

C 計算量が膨大になる。

D 過学習が発生しやすい。

□**102** LSTM（Long Short-Term Memory）の構成要素とその説明の組合せとして、最も不適切な選択肢を 1 つ選べ。

	構成要素	説明
A	入力ゲート	情報をセルに入力するかどうかを決める。
B	出力ゲート	どの情報をセルから出力するかを決める。
C	リセットゲート	情報をセルから削除するかどうかを決める。
D	セル	入力された情報を保持する。

□**103** 入力した系列データから、系列データの出力を予測する問題を解くために用いられるモデルとして、最も適切な選択肢を 1 つ選べ。

A RNN Encoder-Decoder

B Bidirectional RNN

C DCGAN

D Mask R-CNN

□ **104** 以下の文章を読み、空欄に最もよく当てはまる選択肢を 1 つ選べ。

LSTM（Long Short-Term Memory）の構成を簡略化し、計算コストを削減した手法を □□□□□ という。

A CEC

B GRU

C BPTT

D SSD

□ **105** 双方向リカレントニューラルネットワークについて、最も不適切な選択肢を 1 つ選べ。

A 時系列データを過去→未来の順に走査した結果と、未来→過去の順に走査した結果を組み合わせる。

B 単方向のリカレントニューラルネットワークと比べて、精度の向上が期待できる。

C 単方向のリカレントニューラルネットワークと比べて、学習に時間がかかる。

D 自然言語処理には利用できない。

□ **106** リカレントニューラルネットワーク（RNN）における教師強制（teacher forcing）について、最も適切な選択肢を 1 つ選べ。

A 1 時刻前の正解値を現時点の入力として学習に用いる手法である。

B 1 時刻前の出力値を現時点の入力として学習に用いる手法である。

C 1 時刻先の正解値を現時点の入力として学習に用いる手法である。

D 1 時刻先の出力値を現時点の入力として学習に用いる手法である。

□ **107** 生成モデルである敵対的生成ネットワーク（GAN）における生成器と識別器の役割として、最も適切な選択肢を 1 つ選べ。

A 識別器はデータを生成し、生成器はデータの真偽を判定する。

B 生成器はデータを生成し、識別器は生成されたデータの真偽を判定する。

C 生成器はノイズを生成し、識別器はノイズからデータを生成する。

D 識別器はノイズを生成し、生成器はノイズからデータを生成する。

□ **108** 深層強化学習のモデルを、発表された時期が古い順に並べた選択肢を 1 つ選べ。

A AlphaGo、AlphaStar、AlphaGoZero、DQN
B DQN、AlphaGo、AlphaGoZero、AlphaStar
C DQN、AlphaGo、AlphaStar、AlphaGoZero
D AlphaGoZero、DQN、AlphaGo、AlphaStar

□ **109** 深層強化学習の説明として、最も不適切な選択肢を 1 つ選べ。

A ディープ Q ネットワーク（DQN）は、行動価値関数の関数近似としてリカレントニューラルネットワーク（RNN）を用いた手法である。
B ディープ Q ネットワーク（DQN）は DeepMind 社によって開発された。
C A3C は、actor-critic 法をとりいれた深層強化学習の手法である。
D Rainbow は、DQN をベースに様々な改良を加えた深層強化学習の手法である。

□ **110** ニューラルネットワークを用いた転移学習の説明として、最も適切な選択肢を 1 つ選べ。

A 学習済みモデルの入力と予測値を学習データとして、別のモデルを訓練する。
B 複数の学習済みモデルを組み合わせ、多数決によって予測値を決定するモデルを作成する。
C 複数タスクによる学習によって、パラメータの最適な初期値を探索し、新しいタスクにすぐ対応できるモデルを作成する。
D 学習済みモデルに新たなタスクを行う層を追加し、追加した層のパラメータを更新する。

第8章

模擬試験〔問題〕

□ **111** 学習済みモデルへの入力データと予測値の組合せを教師データとして、別の小規模なモデルの学習に利用するモデル圧縮の手法を何というか。最も不適切な選択肢を 1 つ選べ。

A 枝刈り（pruning）

B サンプリング（sampling）

C 蒸留（distillation）

D 量子化（quantize）

□ **112** 以下の文章を読み、空欄に最もよく当てはまる選択肢を 1 つ選べ。
転移学習では既存の学習済みのモデルに新たな層を追加して、追加した層の重みを更新する。新たなタスクに対応するため、学習済みモデルも含めたネットワーク全体の重みを更新することを□□□□□□という。

A ドロップアウト

B 蒸留

C ファインチューニング

D メタ学習

□ **113** 特徴を抽出する S 細胞層と、位置ずれを許容する C 細胞層を交互に接続した構造によって、現在の畳み込みニューラルネットワーク（CNN）の原型となったといわれるモデルを何というか。最も適切な選択肢を 1 つ選べ。

A パーセプトロン

B ネオコグニトロン

C ボルツマンマシン

D LeNet

□ **114** 畳み込みニューラルネットワーク（CNN）のモデルを、発表された時期が古い順に並べた選択肢を 1 つ選べ。

A LeNet，GoogLeNet，AlexNet，ResNet，EfficientNet

B LeNet，AlexNet，GoogLeNet，ResNet，EfficientNet

C AlexNet, LeNet, ResNet, GoogLeNet, EfficientNet

D AlexNet, ResNet, LeNet, GoogLeNet, EfficientNet

□**115** 画像認識の精度を競う国際コンテスト ILSVRC において 2012 年に優勝し、ディープラーニングが注目を集めるきっかけとなったトロント大学のチームが開発したモデルはどれか。最も適切な選択肢を 1 つ選べ。

A GoogLeNet

B AlexNet

C VGGNet

D ResNet

□**116** 画像認識の精度を競う国際コンテスト ILSVRC において 2014 年に優勝したモデルで、インセプションモジュールと呼ばれる並列構造のブロックを積み重ねた構造のネットワークはどれか。最も適切な選択肢を 1 つ選べ。

A GoogLeNet

B AlexNet

C VGGNet

D ResNet

□**117** 画像認識の精度を競う国際コンテスト ILSVRC において 2015 年に優勝した Microsoft 社のチームが開発したモデルで、層を飛び越えたスキップコネクション（skip connection）と呼ばれる結合を特徴とするものは次のうちどれか。最も適切な選択肢を 1 つ選べ。

A GoogLeNet

B AlexNet

C VGGNet

D ResNet

□ **118** 畳み込みニューラルネットワーク（CNN）を用いた画像認識のモデルに関する説明として、最も適切な選択肢を 1 つ選べ。

A VGGNet には 16 層のモデルと 19 層のモデルがあり、層を深くすることで精度向上を実現したが、勾配消失の問題も生じた。

B AlexNet は畳み込み層のみで構成されたネットワークモデルである。

C ResNet はインセプションモジュールを積み重ねた構成のモデルである。

D GoogLeNet はスキップコネクションと呼ばれる結合によって勾配消失問題を解消し、多層化を実現している。

□ **119** 2019 年に Google から発表された画像認識のモデルで、従来より少ないパラメータで高い精度を実現したものはどれか。最も適切な選択肢を 1 つ選べ。

A EfficientNet

B ZFNet

C SENet

D MobileNet

□ **120** End-to-End な物体検出のモデルとして、最も不適切な選択肢を 1 つ選べ。

A SSD

B U-Net

C YOLO

D Faster R-CNN

□ **121** 物体検出の手法である R-CNN の説明として、最も適切な選択肢を 1 つ選べ。

A 畳み込みニューラルネットワーク（CNN）で入力画像全体の特徴マップを出力し、特徴マップからセレクティブ・サーチなどによって候補領域を抽出してカテゴリ識別を行う。

B セレクティブ・サーチなどを使って抽出した候補領域ごとに畳み込みニューラルネットワーク（CNN）で特徴を取り出し、サポートベクトルマシン（SVM）

でカテゴリ識別を行う。

C エンコーダ・デコーダ構造を採用し、デコーダ側の各層から物体検出を行う。

D 特徴マップから候補領域を抽出するのに畳み込みニューラルネットワークを用いて、入力からカテゴリ識別まで End-to-End で物体検出を行う。

☐ **122** 物体検出の手法である Fast R-CNN の説明として、最も適切な選択肢を1つ選べ。

A 畳み込みニューラルネットワーク（CNN）で入力画像全体の特徴マップを出力し、特徴マップからセレクティブ・サーチなどによって候補領域を抽出してカテゴリ識別を行う。

B セレクティブ・サーチなどを使って抽出した候補領域ごとに畳み込みニューラルネットワーク（CNN）で特徴を取り出し、サポートベクトルマシン（SVM）でカテゴリ識別を行う。

C エンコーダ・デコーダ構造を採用し、デコーダ側の各層から物体検出を行う。

D 特徴マップから候補領域を抽出するのに畳み込みニューラルネットワークを用いて、入力からカテゴリ識別まで End-to-End で物体検出を行う。

☐ **123** 物体検出の手法である Faster R-CNN の説明として、最も適切な選択肢を1つ選べ。

A 畳み込みニューラルネットワーク（CNN）で入力画像全体の特徴マップを出力し、特徴マップからセレクティブ・サーチなどによって候補領域を抽出してカテゴリ識別を行う。

B セレクティブ・サーチなどを使って抽出した候補領域ごとに畳み込みニューラルネットワーク（CNN）で特徴を取り出し、サポートベクトルマシン（SVM）でカテゴリ識別を行う。

C エンコーダ・デコーダ構造を採用し、デコーダ側の各層から物体検出を行う。

D 特徴マップから候補領域を抽出するのに畳み込みニューラルネットワークを用いて、入力からカテゴリ識別まで End-to-End で物体検出を行う。

□ **124** Fast R-CNN などの物体検出で利用されている ROI プーリングについて、最も適切な選択肢を 1 つ選べ。

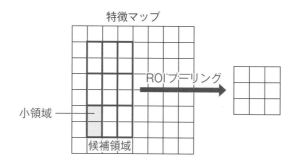

A 候補領域のサイズによって小領域のサイズが変化する。

B 候補領域のサイズによって小領域の個数が変化する。

C 特徴マップのサイズによって小領域のサイズが変化する。

D 特徴マップのサイズによって小領域の個数が変化する。

□ **125** セマンティックセグメンテーションの説明として、最も適切な選択肢を 1 つ選べ。

A 画像上の物体を矩形領域で囲み、クラス識別を行う。

B 画像上の物体をピクセルレベルで認識する。

C 画像上のすべてのピクセルに対してクラス識別を行う。

D 画像上の物体についての説明文を出力する。

□ **126** 畳み込みニューラルネットワーク（CNN）を用いたセマンティックセグメンテーションのためのアルゴリズムとして、最も不適切な選択肢を 1 つ選べ。

A U-Net

B SegNet

C FCN

D GAN

□ **127** 完全畳み込みネットワーク（FCN）の説明として、最も不適切な選択肢を 1 つ選べ。

A 画像セグメンテーションに用いるモデルである。

B 特徴マップを逆畳み込み演算によってアンサンプリングする。

C 出力される画像のサイズは、入力画像と同じになる。

D 全結合層によってクラス識別を行う。

□ **128** 画像セグメンテーションの手法である U-Net の説明として、最も不適切な選択肢を 1 つ選べ。

A エンコーダ・デコーダ構造のネットワークモデルである。

B エンコーダとデコーダの各層を接続し、ダウンサンプリングした特徴マップをアップサンプリングした特徴マップに連結する。

C エンコーダからコピーした特徴マップは、アップサンプリングした特徴マップに連結する際にトリミングされる。

D 特徴マップのアップサンプリングでは、パラメータの学習は行われない。

□ **129**「自然言語処理」と関係の深いものとして、最も適切な選択肢を 1 つ選べ。

A 人間が日常的に使う言葉をコンピュータに処理させる技術

B 文章がポジティブな意見かネガティブな意見かを判定する技術

C 文書中に文書自身の内容に関する情報をもたせることで、情報の意味に関するより高度な処理を実現しようとする技術

D 人間が発する言葉の音声をテキストデータに変換する技術

□ **130** 自然言語処理において、文章や句を意味を持つ最小の単位に分割することを何というか。最も適切な選択肢を 1 つ選べ。

A 構文解析

B 形態素解析

C 係り受け解析

D 句構造解析

□ **131** 自然言語処理において、文章の句構造や係り受け構造を解析することを何というか。最も適切な選択肢を 1 つ選べ。

A 構文解析

B 形態素解析

C 意味解析

D 照応解析

□ **132** 自然言語処理における「照応解析」に該当する事例として、最も適切な選択肢を 1 つ選べ。

A 文書と文書の間の類似度を分析する。

B 代名詞が指す対象を推定する。

C 文章に含まれる助詞や助動詞を取り除く。

D 複数の文の意味的な関係を推定する。

□ **133** 自然言語処理における「談話構造解析」に該当する事例として、最も適切な選択肢を 1 つ選べ。

A 文書と文書の間の類似度を分析する。

B 代名詞が指す対象を推定する。

C 文章に含まれる助詞や助動詞を取り除く。

D 複数の文の意味的な関係を推定する。

□ **134** テキストを単語などに切り分けた後に行う BoW（Bag-of-Words）の説明として、最も適切な選択肢を 1 つ選べ。

A テキストを Unicode 形式に変換する。

B テキストを単語リストに変換する。

C テキストをベクトル形式に変換する。

D テキストをハフマン符号によって圧縮する。

□ **135** テキストマイニングなどで使われるコサイン類似度について、最も適切な

選択肢を1つ選べ。

A ベクトル間の距離を表す指標で、類似度が高いほど0に近くなる。

B ベクトル間の類似度を表す指標で、−1 〜 1 の値を取る。

C ベクトル間の距離を表す指標で、類似度が高いほど絶対値が大きい。

D ノルムの相対比率を表す指標で、0 〜 1 の値を取る。

□ **136** テキストマイニングで用いる TF-IDF の説明として、最も適切な選択肢を1つ選べ。

A 周辺の単語から、ターゲットとなる単語を推測する手法である。

B 一般的な単語の重みを低く、特定の文書に特有な単語の重みを高く評価する手法である。

C 文章中のトピックを潜在変数としてモデル化する手法である。

D テキストデータに特異値分解を適用し、トピックが類似するテキストをグループ化する手法である。

□ **137** テキストマイニングで用いる LSI（Latent Semantic Index）の説明として、最も適切な選択肢を1つ選べ。

A 周辺の単語から、ターゲットとなる単語を推測する手法である。

B 一般的な単語の重みを低く、特定の文書に特有な単語の重みを高く評価する手法である。

C 文章中のトピックを潜在変数としてモデル化する手法である。

D ベクトル形式のテキストデータに特異値分解を適用する手法である。

□ **138** テキストマイニングにおいて、文書を構成する単語の背後にあるトピックを潜在変数としてモデル化した手法はどれか。最も適切な選択肢を1つ選べ。

A TF-IDF

B LSI

C LDA

D CBOW

□ **139** 自然言語処理において、単語を高次元のベクトル空間に埋め込み、実数ベクトルとして表現したものを何というか。最も適切な選択肢を1つ選べ。

A 形態素

B 分散表現

C N-gram

D スキップグラム

□ **140** 単語を語彙数より低次元のベクトルとして表現することにより、単語の意味をベクトル間の関係として表現するモデルとして、最も適切な選択肢を1つ選べ。

A A3C

B Seq2Seq

C YOLO

D word2vec

□ **141** word2vec には、CBOW（Conitinuous BoW）とスキップグラム（skip-gram）の2つの手法がある。このうち CBOW の説明として、最も適切な選択肢を1つ選べ。

A 単語から周辺の単語を予測するモデルである。

B 文書中の重要度の高い単語を予測するモデルである。

C 単語の出現頻度から文書のトピックを予測するモデルである。

D 周辺の単語から、中心に位置する単語を予測するモデルである。

□ **142** 単語を語彙数より低次元の空間における実数ベクトルでモデル化する自然言語処理の手法として、最も不適切な選択肢を1つ選べ。

A word2vec

B SSD

C fastText

D ELMo

□ **143** 機械翻訳などに用いられる自然言語処理のモデルである BERT の特徴として、最も不適切な選択肢を 1 つ選べ。

A 学習データとして文章の一部を隠して入力し、前後の文脈から隠された単語を予測するように学習を行う。

B 2 つの文章が、元の文書でつながって出現していたかどうかを予測するように学習を行う。

C トランスフォーマーと呼ばれるエンコーダ・デコーダ構造のモデルである。

D 注意機構を用いずに高い精度を実現したモデルである。

□ **144** 自然言語処理における注意機構（Attention Mechanism）の説明として、最も適切な選択肢を 1 つ選べ。

A 複数の単語ベクトルについて、どのベクトルを重要視するかも含めて学習させる。

B 入力された画像を説明する自然言語の文を出力する。

C 文章の内容がポジティブなものかネガティブなものかを判定する。

D 1 つ前に入力された系列データの正解値を、次の入力データとして学習に用いる。

□ **145** 以下の文章を読み、空欄に最もよく当てはまる選択肢を 1 つ選べ。
声道で発生する複数の共鳴周波数を 　　　　 といい、音声を識別する重要な特徴量である。

A 音韻

B 音素

C フォルマント

D 喉頭音

□ **146** 以下の文章を読み、空欄に最もよく当てはまる選択肢を1つ選べ。

音声認識は、音声を構成する最小単位である□□□□□□を特定し、テキストに変換する技術である。

A 音韻

B 音素

C フォルマント

D 喉頭音

□ **147** 以下の文章を読み、空欄に最もよく当てはまる選択肢を1つ選べ。

アナログの音声データを一定間隔で測量して数値化することを標本化（サンプリング）という。サンプリング定理によれば、音声データの周波数の□□□□□倍を超える周波数で標本化すれば、元の音声を再現できる。

A 1 　　 **B** 2 　　 **C** 3 　　 **D** 4

□ **148** 音声認識においてメル尺度が用いられる理由として、最も適切な選択肢を1つ選べ。

A 音声データをリアルタイムで分析するために計算コストを削減する必要があるため。

B 音声データの各音素は発音ごとに長さが異なるため。

C 人間が知覚する音声の周波数は、物理的な周波数と比例しないため。

D 音声データは発声者によって音の周波数が異なるため。

□ **149** ディープラーニングが進展する前から用いられてきた統計モデルにもとづく音声認識の手法として、最も適切な選択肢を1つ選べ。

A MFCC

B HMM

C WaveNet

D Julius

☐ **150** 2016 年に DeepMind 社が発表したニューラルネットワークのアルゴリズムで、コンピュータが従来と比較してより人間に近い自然な言語を話すことを可能にした音声合成・音声認識のアルゴリズムはどれか。最も適切な選択肢を 1 つ選べ。

A MFCC

B HMM

C WaveNet

D Julius

第 6 章　ディープラーニングの社会実装

☐ **151** SAE J3016 基準でレベル 3 の自動運転に該当するものとして、最も適切な選択肢を 1 つ選べ。

A 運転手のアクセル・ブレーキ操作とハンドル操作の両方をシステムがサポートする。

B 高速道路などの限定された領域において、走行中に運転手が助手席に移動することができる。

C 運転者のアクセル・ブレーキ操作とハンドル操作のどちらか一方をシステムがサポートする。

D 高速道路などの限定された領域において、すぐ運転に戻れることを条件に、運転手がスマートフォンを使用できる。

☐ **152** 道路運送車両法において、自動運転車に搭載が義務付けられている装置はどれか。最も適切な選択肢を 1 つ選べ。

A ETC 車載器

B 作動状態記録装置

C 事故自動緊急通報装置

D 運転者監視装置

□ **153** 定型的なパソコン作業をソフトウェアロボットにより自動化する技術として、最も適切な選択肢を 1 つ選べ。

A RPA

B BYOD

C IoT

D SFA

□ **154** 「マルチモーダル学習」の説明として、最も適切な選択肢を 1 つ選べ。

A 強化学習において複数の異なる報酬を設定すること。

B 複数の異なる形式のデータを使用して学習すること。

C 強化学習において複数の異なる環境下で学習すること。

D 複数のモデルに対し、共通のデータセットを用いて学習すること。

□ **155** EC サイトなどで顧客に商品を推薦するレコメンド機能の手法に、協調フィルタリングと内容ベースフィルタリングがある。このうち協調フィルタリングの説明として、最も適切な選択肢を 1 つ選べ。

A 商品の売行をもとに推薦を行う。

B 商品の特徴をもとに推薦を行う。

C 利用者の行動履歴をもとに推薦を行う。

D 在庫の多い商品を優先して推薦を行う。

□ **156** EC サイトなどで顧客に商品を推薦するレコメンド機能の手法に、協調フィルタリングと内容ベースフィルタリングがある。このうち内容ベースフィルタリングの説明として、最も適切な選択肢を 1 つ選べ。

A 商品の売行をもとに推薦を行う。

B 商品の特徴をもとに推薦を行う。

C 利用者の行動履歴をもとに推薦を行う。

D 在庫の多い商品を優先して推薦を行う。

□ **157** 欧州委員会が 2019 年に公表した「信頼性を備えた AI のための倫理ガイドライン」は、信頼性を備えた AI として 7 つの要件を挙げている。この要件に含まれない選択肢を 1 つ選べ。

A 人間の営みと監視

B 透明性

C 多様性・非差別・公平性

D 機密性

□ **158** 近年、AI の倫理や信頼性に関して様々な国や国際機関、学術団体等がガイドラインや指針、勧告等を公表している。これらのガイドライン等とその公表主体の組合せとして、最も不適切なものを選択肢から 1 つ選べ。

	ガイドライン等	公表主体
A	人間中心の AI 社会原則	日本政府
B	信頼性を備えた AI のための倫理ガイドライン	欧州委員会
C	倫理的に調和された設計	IEEE
D	アシロマ AI 原則	Partnership on AI

□ **159** データセットや学習済みモデルの知的財産権に関する説明として、最も適切な選択肢を 1 つ選べ。

A 機械学習のために他者の著作物を複製することは、著作権法上の著作権の侵害に当たる。

B 一定の条件で利用者に提供されている相当量のデータについては、たとえ提供先が限定されている場合であっても、不正競争防止法上の保護の対象とはならない。

C 収集したデータを体系的に構成したデータセットは、一定の条件を満たせば著作権法上の著作物とみなされる。

D 他者の著作物を複製したデータセットを用いて学習させた機械学習のモデルを、元データの著作権者の許可なく営利目的で利用することは、著作権の侵害に当たる。

□ **160** 不正競争防止法上の「営業秘密」に関する説明として、最も不適切な選択肢を1つ選べ。

A 営業上の秘密であれば何でも営業秘密になるわけではなく、秘密管理性、有用性、非公知性といった要件を満たしていなければならない。

B 何の手続をしなくても、要件を満たしていれば営業秘密として保護される。

C 営業秘密の侵害に対しては、差止め請求や損害賠償請求ができるが、刑事罰は適用されない。

D 特許出願した発明については、営業秘密として保護の対象とはならない。

□ **161** 不正競争防止法上の「営業秘密」に関する説明として、最も適切な選択肢を1つ選べ。

A 学習済みモデルを営業秘密として管理する場合は、暗号化などの処理を施して秘密管理性の要件を満たすのが適切である。

B 脱税のような違法性のある営業秘密であっても、侵害した場合は損害賠償の対象となる。

C 営業秘密として管理していた技術を他者が独自に開発して利用した場合、先に開発した側が営業秘密としての権利を主張できる。

D 失敗した実験のデータは営業秘密として保護されない。

□ **162** 不正競争防止法上の「限定提供データ」の説明として、最も不適切な選択肢を1つ選べ。

A 資格を満たした者のみが参加するコンソーシアムで共有されるデータは限定提供データとして保護の対象とはならない。

B 電磁的方法により蓄積された情報でなければ限定提供データとして保護の対象とはならない。

C アクセス制御されていないデータは限定提供データとして保護の対象とはならない。

D 営業秘密は限定提供データとして保護の対象とはならない。

□ **163** 特許法上の発明者に関する説明として、最も適切な選択肢を 1 つ選べ。

A 株式会社等の法人は、発明者となることができる。

B 共同でなされた発明では、共同者のうち代表者 1 人が発明者となる。

C 特許の出願人が、特許法上の発明者となる。

D 人工知能（AI）は発明者となることはできない。

□ **164** 特許法第 35 条に定める職務発明について、最も適切な選択肢を 1 つ選べ。

A 従業員の発明は、すべて所属する会社における職務発明となる。

B 従業員の職務発明は、契約や勤務規則等に特段の規定がなくても、所属する会社が特許を受ける権利を有する。

C 会社が従業員から職務発明の特許を受ける権利を継承したときは、会社は発明者に対して相当の金銭その他の経済的利益を支払わなければならない。

D 従業員が職務発明について特許を取得した場合、会社はその特許についての専用実施権を有する。

□ **165** 個人情報の保護に関する法律（個人情報保護法）の説明として、最も適切な選択肢を 1 つ選べ。

A マイナンバー（個人番号）は、個人識別符号に該当する。

B 個人情報は生存する個人が対象であることから、死者の情報はいかなる場合も個人情報には該当しない。

C メールアドレスは、単独では個人情報に該当しない。

D 外国に居住する外国人の情報は、個人情報に該当しない。

□ **166** 個人情報の保護に関する法律（個人情報保護法）の説明として、最も不適切な選択肢を1つ選べ。

A 病院等を受診したことや薬局等で調剤を受けたという情報は、要配慮個人情報に含まれる。

B 存否が明らかになることにより、本人の生命に危害が及ぶおそれがある個人データは、保有個人データに含まれない。

C 既に新聞やインターネット等で公表されている情報は、個人情報保護法の保護の対象とはならない。

D 顧客との電話の通話内容の録音記録は、通話内容から特定の個人を識別できなければ、単体では個人情報に該当しない。

□ **167** カメラ画像から取得したデータのうち、個人情報の保護に関する法律（個人情報保護法）上、単体で個人情報に該当するものはどれか。最も適切な選択肢を1つ選べ。

A 特徴量データ（取得した画像から人物の目、鼻、口の位置関係等の特徴を抽出し、数値化したデータ）

B 属性情報（画像データから機械処理で推定した、性別・年代等の情報）

C カウントデータ（カメラ画像から形状認識技術等をもとに人の形を判別し、その数量を計測したデータ）

D 動線データ（カメラ画像に写った人物がどのように行動したかを示すデータで、どの時間にどこで何をしていたかを示す座標値を時系列に蓄積することによって生成されるもの）

□ **168** 個人情報の保護に関する法律（個人情報保護法）における「匿名加工情報」の説明として、最も不適切なものを1つ選べ。

A 特定の個人を識別できないように個人情報を加工した情報である。

B 提供先で他の情報と照合すれば、元の個人情報を復元できる。

C 匿名加工情報を作成した時は、その情報に含まれる個人に関する情報の項目を公表しなければならない。

D 匿名加工情報を作成して第三者に提供するときは、その情報に含まれる個人

に関する情報の項目及び提供の方法を公表しなければならない。

□ **169** 2020年（令和2年）6月に成立した改正個人情報保護法において創設された「仮名加工情報」について、最も不適切な選択肢を1つ選べ。

A 他の情報と照合しない限り特定の個人を識別することができないように個人情報を加工した情報である。

B 元の個人情報に含まれる個人識別符号は、全部を削除または他の記述に置き換えなければならない。

C 作成した仮名加工情報は、本人の同意なく第三者に提供することができる。

D 個人を識別するために仮名加工情報を他の情報と照合してはならない。

□ **170** 個人情報の保護に関する法律（個人情報保護法）が定める個人情報取扱事業者の義務に関する説明として、最も不適切な選択肢を1つ選べ。

A 個人情報取扱事業者が個人情報を取得した場合は、利用目的を本人に通知または公表しなければならないが、あらかじめ利用目的を公表している場合はその限りではない。

B 個人情報取扱事業者は、あらかじめ本人の同意を得ている場合を除き、利用目的の達成に必要な範囲を超えて個人情報を取り扱ってはならない。

C 個人情報取扱事業者は、個人情報を取り扱うにあたっては、その利用目的をできる限り特定し、利用目的を変更してはならない。

D 個人情報取扱事業者が第三者から個人データの提供を受ける際は、原則としてその取得の経緯を提供元に確認しなければならない。

□ **171** EU一般データ保護規則（GDPR）に関する説明として、最も適切な選択肢を1つ選べ。

A GDPRでは、位置情報やCookie情報は個人情報に含まれない。

B GDPRの規定は欧州経済領域（EEA）内に拠点のない企業には適用されない。

C GDPRでは、利用者にデータポータビリティの権利を認めている。

D GDPRでは、個人情報のプロファイリングによる各種サービスの自動化については規制が見送られている。

□ **172** 以下の文章を読み、空欄に最もよく当てはまる選択肢を 1 つ選べ。

個人情報を扱う AI 技術の利活用を適正に行うには、パーソナルデータが適切に扱われるための施策をシステムの設計段階から組み込もうする　　　　　の考え方が重要である。

A データポータビリティ

B 透明性レポート

C プライバシー・アンド・デザイン

D プライバシー・バイ・デザイン

□ **173** AI を用いた顔認証技術の動向について、最も不適切な選択肢を 1 つ選べ。

A 顔認識技術については、人種や性別によって認識精度が異なることが指摘されており、アメリカでは顔認証の誤判定が原因でアフリカ系男性が誤認逮捕されたケースもある。

B アメリカのサンフランシスコ市議会は 2019 年 5 月、市当局による顔認証監視技術の利用を禁止する条例案を可決した。

C IBM、Microsoft、Amazon の各社は 2020 年 6 月、相次いで顔認証技術の警察などへの提供停止を表明した。

D 日本においては、防犯カメラから得られた人物の顔画像は個人情報とみなされないため、本人の同意なく顔認証に利用できる。

□ **174** 機械学習の学習用データ及び学習済みモデルの知的財産権について、最も不適切な選択肢を 1 つ選べ。

A 秘密管理性などの要件を満たしていれば、営業秘密として不正競争防止法上の保護の対象となる。

B 学習済みモデルのプログラム部分のソースコードはプログラム著作物として著作権法上の保護の対象となる。

C 機械学習の学習済みモデルのパラメータは、データベース著作物として著作権法上の保護の対象となる。

D 機械学習の学習用データには、一定の要件のもとで他者の著作物を使用することが認められている。

□ **175** 説明可能な AI（Explainable Artificial Intelligence：XAI）の説明として、最も適切な選択肢を 1 つ選べ。

A 使い方を利用者にわかりやすく説明する AI である。

B 予測結果や推論の根拠を説明できる AI である。

C 深層学習以前の手法を用いた AI である。

D 学習のプロセスを可視化した AI である。

□ **176** AI に説明可能性を付与する手法として、最も不適切な選択肢を 1 つ選べ。

A GradCAM

B SSD

C LIME

D SHAP

□ **177** 以下の文章を読み、空欄に最もよく当てはまる選択肢を 1 つ選べ。
AI 技術を使用して捏造された本物そっくりの画像や動画を [＿＿＿＿] と呼び、IT 分野の脅威としてばかりでなく、その社会的な影響が懸念されている。

A ディープインパクト

B ディープフェイク

C ディープブルー

D ディープマインド

□ **178** ディープフェイクに関する説明として、最も不適切な選択肢を 1 つ選べ。

A ディープフェイクの技術は映画製作やスマートフォンの写真加工アプリなどでも利用されており、全面的に禁止することはできない。

B ディープフェイクは選挙で敵対する候補者の評判を貶めるために利用される場合があり、民主主義の観点からも問題視されている。

C アメリカや中国では、ディープフェイクを規制する法整備がすすんでいる。

D 日本にはディープフェイクを禁止した法律が存在しないため、ディープフェイクを用いた動画を作成、公開しても罪に問われることはない。

（問 172 〜 178 の解答：P292, 293）

□ **179** 以下の文章を読み、空欄に最もよく当てはまる選択肢を1つ選べ。

物体検出タスクにおいて、画像にわずかな摂動を加えることで、人間の目には元の画像と違いがわからないが、AIが正しく認識できない画像を生成できる。AIをだますように作られたこのようなデータを[＿＿＿＿]という。

A deep fake

B adversarial example

C training set poisoning

D normal distribution

□ **180** 以下の文章を読み、空欄に最もよく当てはまる選択肢を1つ選べ。

人間の関与なしに自律的に攻撃目標を設定でき、殺傷能力をもつ兵器を自律型致死兵器と呼ぶ。日本政府は、人間の関与が及ばない自律型の致死性兵器については[＿＿＿＿]という立場で、国際的なルール作りに積極的かつ建設的に参加していくとしている。

A 開発を行う意図はない

B 積極的に開発に取り組む

C 全面的に禁止する国際的な枠組みに参加する

D 特定の見解を表明しない

第7章　ディープラーニングのための数理・統計

□ **181** 6面体のサイコロを1回振ったときに出る目の確率が、1から6までどれも同じ確率であるとき、出る目の期待値として最も適切な選択肢を1つ選べ。

A 3

B 3.5

C 4.2

D 6

□ **182** 統計量の説明として、最も不適切な選択肢を1つ選べ。

A 確率変数の2倍の分散は、その確率変数の分散の2倍に等しい。

B 2つの確率変数の和の期待値は、それぞれの確率変数の期待値の和に等しい。

C 2つの確率変数が互いに独立のとき、それらの和の分散はそれぞれの確率変数の分散の和に等しい。

D 2つの確率変数が互いに独立のとき、それらの積の期待値はそれぞれの確率変数の期待値の積に等しい。

□ **183** 平均 μ、標準偏差 σ の確率変数 x の確率密度関数が、次のような $f(x)$ の式で表されるとき、この確率分布の名称として最も適切な選択肢を1つ選べ。

$$f(x) = \frac{1}{\sqrt{2\pi}\,\sigma} \exp\left(-\frac{(x-\mu)^2}{2\sigma^2} \right)$$

A 指数分布

B 二項分布

C 正規分布

D ポアソン分布

□ **184** ある一定時間内に稀にしか起こらない事象の発生回数の確率分布として、最も適切な選択肢を1つ選べ。

A 指数分布

B 二項分布

C 正規分布

D ポアソン分布

□ **185** 平均10、標準偏差5の正規分布にしたがう確率変数 x を標準化する式として、最も適切な選択肢を1つ選べ。

A $(x-10)/5$

B $(x-10)^2/5$

C $5/(x-10)$

D $5^2/(x-10)$

□**186** 統計量の説明として、最も適切な選択肢を1つ選べ。

A 相関係数は、2変数の偏差同士の積の平均である。

B 共分散は偏差を2乗したものの平均である。

C 標準偏差は分散の平方根である。

D 決定係数は他の変数の影響を除いた相関の度合いを表す。

□**187** 相関係数に関する説明として、最も適切な選択肢を1つ選べ。

A 0以上1以下の値をとる。

B 値が大きいほど2変数の相関が強い。

C 相関係数が0のとき、2変数の共分散は0である。

D 相関係数が0のとき、2変数は互いに独立である。

□**188** 図1に示す2変数の相関係数を（1）、図2に示す2変数の相関係数を（2）とするとき、それぞれの値の組合せとして最も適切な選択肢を1つ選べ。

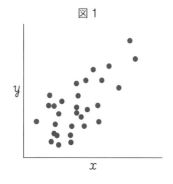
図1

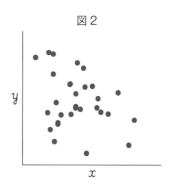
図2

	（1）	（2）
A	0.6	− 0.7
B	− 0.7	0.6
C	− 0.3	0.7
D	0.7	− 0.3

□ **189** 3つの変数 x, y, z の相関関係に関する説明として、最も適切な選択肢を1つ選べ。

A x と y の相関係数は、x と y の標準偏差の積を、x と y の共分散で割ったものである。

B x と y の相関係数が高くても、2つの間に因果関係があるとは限らない。

C x と y の相関係数が正の値であれば、z の影響を取り除いた偏相関係数も必ず正の値になる。

D x と y の相関係数が正の値のとき、x を原因、y を結果とする因果関係がある。

□ **190** 単回帰分析や重回帰分析の当てはまりの良さを表す指標として、最も適切な選択肢を1つ選べ。

A 相関係数

B 偏相関係数

C 決定係数

D 共分散

□ **191** 事象 A が起こる確率を $P(A)$、事象 B が起こる確率を $P(B)$ とする。また、事象 A が起こるという条件のもとで事象 B が起こる条件付き確率を $P(B \mid A)$、事象 B が起こるという条件のもとで、事象 A が起こる条件付き確率を $P(A \mid B)$ とする。これらの関係を表す式として、最も適切な選択肢を1つ選べ。

A $P(B \mid A) = P(A)\,P(A \mid B) / P(B)$

B $P(B \mid A) = P(B)\,P(A \mid B) / P(A)$

C $P(B \mid A) = P(A)\,P(B) / P(A \mid B)$

D $P(B \mid A) = P(B) / P(A)\,P(A \mid B)$

模擬試験の解答と解説

第1章
人工知能（AI）とは

☐ **1** C　　　　参照ページ：P19

1950年代後半から1960年代の第1次AIブームは「**推論と探索の時代**」といわれ、特定の問題を推論や探索によって解くプログラムが開発されました。

☐ **2** B　　　　参照ページ：P19

1980年代の第2次AIブームでは、特定の専門分野の知識を蓄積し、その分野のエキスパートのように振る舞う**エキスパートシステム**が登場しました。しかし、膨大な知識を体系づけて記述することの難しさから、実用化は特定の分野に限られました。

A：機械学習、**C**：統計的自然言語処理は第3次AIブームで登場した手法、**D**：イライザは1960年代に開発された対話プログラムです。

☐ **3** D　　　　参照ページ：P20

人間の一般常識をデータベース化するという、1984年にダグラス・レナートによって提唱されたプロジェクトは**Cycプロジェクト**です。作業は現在も継続中で「現代版バベルの塔」とも呼ばれます。

○ memo

コグニティブコンピューティング

IBMが提唱する、人間の知識や判断をサポートするシステム。2011年にアメリカのクイズ番組に出場して優勝したワトソン（23ページ）が代表的。

☐ **4** A　　　　参照ページ：P20

第2次AIブームの時代に提唱された、言葉（概念）同士の意味関係を定義したネットワークを**意味ネットワーク**といいます。

☐ **5** C　　　　参照ページ：P21

2010年代の第3次AIブームは、データから特徴量を自動的に見つけて学習するディープラーニング（**深層学習**）の手法が、画像認識や音声認識などに活用されるようなりました。このブームは現在も続いています。

☐ **6** C　　　　参照ページ：P23

IBMが開発した**ディープブルー**は、独自の評価関数にもとづいて盤面を探索するチェスAIで、1997年には当時の世界チャンピオンに勝利するほどの性能を発揮しました。

☐ **7** B　　　　参照ページ：P21

インターネットの普及によって、Google

などの検索エンジンが相次いで開発され、テキスト分析技術が大きく進展しました。テキストを統計的に分析する**統計的自然言語処理**は、ネット上にある膨大な量のテキストをサンプルとして用いることで、高い精度を実現しています。

□ **8** **D** 参照ページ：P25

第1次AIブームは推論と探索による手法が用いられますが、この手法では迷路やパズルのような**トイ・プロブレム**しか解けなかったため、ブームはやがて下火になります。

□ **9** **B** 参照ページ：P25

知能テストやパズルなどの高度な推論より、簡単な運動のような感覚スキルのほうが多くの計算量を要するという問題を、**モラベックのパラドクス**といいます。

○ memo ○

オントロジー
知識を構成する言葉の意味や概念の関係を体系的に記述したもの。

ノーフリーランチ定理
あらゆる問題に対して高い性能を示す汎用的なアルゴリズムは存在しないという定理。

みにくいアヒルの子定理
分類の基準となる何らかの仮定がなければ、物事を分類することはできないという定理。みにくいアヒルの子と普通のアヒルの子は、似ている部分も似ていない部分もあり、すべての特徴を同等に扱えば見分けることはできません。

□ **10** **A** 参照ページ：P27

言葉を現実世界の概念といかに結び付けるかという問題を**シンボルグラウンディング問題**といいます。

□ **11** **C** 参照ページ：P26, 28～29

①は**フレーム**問題、②は**シンギュラリティ**、③はAIの**ブラックボックス化**の説明です。

□ **12** **C** 参照ページ：P29

GDPRはEU一般データ保護規則（183ページ）の略称です。

第2章
機械学習の具体的手法

□ **13** **C** 参照ページ：P35, 39

説明変数の係数を3、y切片を15とすると、回帰式は$y = 3x + 15$となります。この式の説明変数xに、気温24を代入すると、売上個数は$y = 3 \times 24 + 15 = 87$と予測できます。

□ **14** **A** 参照ページ：P35

回帰問題は、与えられた入力データをもとに、目的の値を予測します。分類問題の出力はあらかじめ決まったクラスになりますが、回帰問題の出力は一般に実数値になります。

□ **15** **B** 参照ページ：P40

ロジスティック回帰では、2値分類

に**シグモイド関数**、多クラス分類に**ソフトマックス関数**を用います。

□ **16** **C** 参照ページ：P42

サポートベクトルマシンにおいて、誤分類をどの程度許容するかを調整する変数を**スラック変数**といいます。

□ **17** **C** 参照ページ：P42

サポートベクトルマシンにおける**カーネル法**は、データを高次元に拡張して線形分離可能にする工夫です。

□ **18** **A** 参照ページ：P43

決定木は、**条件分岐**を繰り返すことによって、木が枝分かれしてくようにデータの分類や予測を行うモデルです。

□ **19** **D** 参照ページ：P43

決定木では、**情報利得**が最大となるように分岐条件の閾値（いきち）を調整します。

□ **20** **A** 参照ページ：P45

複数のモデルを組み合わせて、各モデルの平均や多数決によって出力を決める手法を**アンサンブル学習**といいます。アンサンブル学習には、特定のモデルによる出力の偏（かたよ）りをなくし、未学習データに対する汎化性能を向上させる効果があります。

□ **21** **C** 参照ページ：P44

ランダムフォレストでは、特徴量ご

との重要度を算出できます。

□ **22** **A** 参照ページ：P45

アンサンブル学習にはバギング、ブースティングと呼ばれる手法があります。このうち、複数のモデルの学習を並列にすすめる手法を**バギング**といいます。これに対し、1つのモデルから次のモデルへと、前の学習結果を加味しながら順に学習をすすめる手法を**ブースティング**といいます。

□ **23** **D** 参照ページ：P46

自己回帰モデルは時系列分析のためのモデルです。株価予測は、株価の値動きを記録した時系列データから未来の株価を予測するので、時系列分析が適しています。

□ **24** **B** 参照ページ：P47

カーナビゲーションシステムでは、GPS衛星による位置情報と、前回位置からの移動距離などの情報をもとに、現在位置を推定しますが、推定には**カルマンフィルタ**が用いられています。

□ **25** **C** 参照ページ：P47

× **A**：予測精度が自己回帰モデルより高いことは保証されません。
× **B**：状態空間モデルは自由度が高く、ARモデルやARIMAモデルを状態空間モデルとして表現することができます。
○ **C**：正解です。

×**D**：パラメータ推計には、カルマン
フィルタもマルコフ連鎖モンテカルロ
法（MCMC）も用いることができます。

☐ **26** **A**　　　　参照ページ：P48

　問題文は**k-平均法**の説明です。主
成分分析と t-SNE 法は次元削減の手
法、ロジスティック回帰は教師あり学
習の分類問題に用いる手法です。

☐ **27** **D**　　　　参照ページ：P50

　t-SNE 法の「t」は**t分布**を表します。

☐ **28** **B**　　　　参照ページ：P51

　強化学習では、エージェントと呼ば
れる学習主体が、**報酬**がなるべく高く
なるような行動を学習します。

☐ **29** **A**　　　　参照ページ：P51

　強化学習において、学習の主体を
エージェントといいます。**B**は方策、
Cはエピソード、**D**は行動価値の説明
です。

☐ **30** **B**　　　　参照ページ：P54

　行動価値関数は、**状態と行動**を引数
とし、その行動によって見込める将来
的な報酬の総和を返します。

☐ **31** **C**　　　参照ページ：P54～56

　ベルマン方程式は、状態 s における
状態価値 $V(s)$ または行動 a を選択し
た場合の行動価値 $Q(s, a)$ を、次の

状態 s' の価値を用いて再帰的に定義
したものです。

☐ **32** **D**　　　　参照ページ：P53

　報酬を合計する際、未来の報酬につ
いては割引率 γ を乗算します。したがっ
て、報酬和 G_t は次のようになります。

$$G_t = R_{t+1} + \gamma R_{t+2} + \gamma^2 R_{t+3} + \cdots + \gamma^{k-1} R_{t+k}$$
$$= R_{t+1} + \gamma (R_{t+2} + \gamma R_{t+3} + \cdots + \gamma^{k-2} R_{t+k})$$
$$= R_{t+1} + \gamma G_{t+1}$$

☐ **33** **B**　　　参照ページ：P56～58

　Q 学習、方策勾配法、モンテカルロ
法はいずれも強化学習のアルゴリズム
です。**DPマッチング**は、伸縮する音
声のパターンを認識する手法です（154
ページ）。

☐ **34** **C**　　　　参照ページ：P56

　各状態の価値を算出し、値が最も高
い状態に遷移する行動を選択するの
は、**価値ベース**の手法です。

☐ **35** **D**　　　　参照ページ：P58

　actor-critic法において、アクター
は行動を選択し、クリティックは状態
の価値を推定してアクターの行動を評
価します。

☐ **36** **A**　　　　参照ページ：P56

　方策勾配法において、方策パラメー
タを関数近似によって求めるアルゴリ

ズムを**REINFORCE**といいます。ち
なみに強化学習は英語でreinforcement
learningといいます。

第3章
機械学習の実行

□ **37** **B** 参照ページ：P65
CIFAR は、様々な種類の画像を数
万枚集めたデータセットで、10クラス
に分類された CIFAR-10 と、100クラ
スに分類された CIFAR-100 がありま
す。

□ **38** **A** 参照ページ：P65
MNIST は0から9までの手書き数
字のサンプルを集めたデータセットで
す。数字は28ピクセル×28ピクセル
のモノクロ画像で記録され、訓練用画
像6万枚と、評価用画像1万枚が含ま
れています。

□ **39** **C** 参照ページ：P65
ImageNet は、スタンフォード大学
がインターネットから収集した1400万
枚以上の画像に、語彙データベース
WordNetを用いてラベル付けしたデー
タセットです。

□ **40** **D** 参照ページ：P65
AVA（Atomic Visual Actions）は、
人間の様々な基本動作を集めてラベ
ルを付した動画データセットです。**A**
はYouTube-8M、**B** は OpenImages、
C は ImageNet の説明。

□ **41** **B** 参照ページ：P66
コンピュータにとっては、元の画像
を回転したり、拡大・縮小するだけで
もまったく見え方が変わるので、学習
データを増やす効果があります。

□ **42** **A** 参照ページ：P69
訓練データ全体を学習した回数を**エ
ポック**といいます。

□ **43** **C** 参照ページ：P67
生産ロットに含まれる正常な製品と
不良品のように、もともとのサンプル
の分布に偏りがある場合でも、機械学
習では両者を均等に学習する必要があ
ります。このような場合に、少数クラ
スのデータを増やすことを**オーバー
サンプリング**といい、代表的な手法に
SMOTE があります。

□ **44** **C** 参照ページ：P69
パラメータを更新した回数を**イテ
レーション**といいます。

□ **45** **A** 参照ページ：P69
バッチサイズやイテレーション数の
ように、モデルの学習の過程では決定
されないパラメータを**ハイパーパラ
メータ**といいます。

数（TP）の割合です。

□ **46** **B**　参照ページ：P70

検証データは訓練データから切り出され、検証データを使った性能評価をもとに、ハイパーパラメータの調整を行います。

□ **51** **A**　参照ページ：P73

再現率は、陽性のデータ（TP＋FN）のうち、正しく陽性と判定した数（TP）の割合です。

□ **47** **C**　参照ページ：P71

k-分割交差検証は、ホールアウト検証をk回繰り返すことになるので、計算コストはホールドアウト検証のk倍になります。

□ **52** **C**　参照ページ：P73, 74

× **A**：適合率は偽陽性（非迷惑メールを迷惑メールと誤認）が増加すると低下します。

× **B**：再現率は偽陰性（迷惑メールを非迷惑メールと誤認）が増加すると低下します。

□ **48** **C**　参照ページ：P72

正しく予測した件数と誤って予測した件数をまとめた表を**混同行列**といいます。

○ **C**：迷惑メールの見逃しを減らすために判定ルールを厳しくすると、非迷惑メールを迷惑メールと誤認する件数が増加します。このように、適合率と再現率は一般にトレードオフの関係にあります。

□ **49** **D**　参照ページ：P72

正解率は、全データ中の正しく予測できた割合ですが、正解率だけではモデルの性能を正しく評価できない場合があります。たとえば1,000個の製品の中に不良品が10個含まれる場合、1,000個すべての製品を「不良品ではない」と判定した場合でも、990個については正解なので正解率99%になってしまいます。

なお、**B**は**再現率**、**C**は**適合率**の説明です。

× **D**：適合率が0.9、再現率が0.6のとき、F値は $2 \times 0.9 \times 0.6 / (0.9 + 0.6) = 0.72$ です。

□ **53** **D**　参照ページ：P74

手書き数字の7を1と予測している件数が19件と最も多くなっています。

× **A**：手書き数字の1を7と予測している件数は10件

× **B**：手書き数字の5を6と予測している件数は7件

□ **50** **B**　参照ページ：P73

適合率は、陽性の予測結果（TP＋FP）のうち、正しく陽性と判定した

× **C**：手書き数字の6を5と予測している件数は4件

○ **D**：手書き数字の 7 を 1 と予測している件数は 19 件

□ 54 C 参照ページ：P75

データ自身に内包された誤差を**ノイズ**といいます。ノイズを完全に取り除くことは不可能なので、ノイズの大きさをもとに学習モデルを評価することはできません。

□ 55 C 参照ページ：P76

過学習とは、モデルの学習がすすむにつれ、訓練誤差（訓練データによる誤差）は小さくなっていくのに、汎化誤差（検証データによる誤差）が下がらない状態をいいます。

□ 56 A 参照ページ：P75，76

過学習は、訓練データに過剰に適応した状態といえるので、汎化誤差のうちバリアンスが大きい状態です。したがって過学習の状態が改善されると、バリアンスが小さくなります。また、一般にバリアンスとバイアスはトレードオフの関係にあります。

□ 57 B 参照ページ：P76

スパース化、データ拡張、L2 正則化は、いずれも過学習の防止に効果があります。ベクトル化は過学習対策とはとくに関係ありません。

第 4 章
ディープラーニングの概要

□ 58 D 参照ページ：P82

ニューラルネットワークの計算では、入力（前の層の出力）に**重み**を乗じた値の総和にバイアスを加え、この値を活性化関数によって変換します。

□ 59 B 参照ページ：P84

ニューラルネットワークの計算では、入力（前の層の出力）に重みを乗じた値の総和に**バイアス**を加え、この値を活性化関数によって変換します。

□ 60 C 参照ページ：P84

ニューラルネットワークの計算では、入力（前の層の出力）に重みを乗じた値の総和にバイアスを加え、この値を**活性化関数**によって変換します。

□ 61 C 参照ページ：P87

入力層と出力層の 2 つの層を用いてモデル化したニューラルネットワークを**単純パーセプトロン**といいます。

□ 62 C 参照ページ：P88

マービン・ミンスキーとシーモア・パパートの共著『パーセプトロン』には、単純パーセプトロンが**線形分離可能でない問題に対処できない**ことが指摘されています。第 1 次 AI ブームの終焉は、この指摘が原因のひとつとも言われています。

□ **63** **D**　　　　　　参照ページ：P85

入力層と出力層の中間に隠れ層（中間層）を設けた順伝播型のニューラルネットワークを**多層パーセプトロン**といいます。

□ **64** **A**　　　　　　参照ページ：P88

勾配消失問題とは、出力層をさかのぼるにつれて誤差関数の勾配が小さくなり、パラメータの最高値を計算できなくなってしまう問題です。この問題は、多層パーセプトロンでネットワークの層を深くすると生じやすくなります。また、活性化関数の微分値が小さい場合にも生じます。

□ **65** **A**　　　　　　参照ページ：P88

出力に関する誤差関数の勾配を計算し、逆方向に伝播させることでパラメータを調整していく手法を**誤差逆伝播法**といいます。

□ **66** **C**　　　　　　参照ページ：P92

× **A**：制限付きボルツマンマシンを積み重ねて構成したネットワークは**深層信念ネットワーク**です。

× **B**：制限付きボルツマンマシンは、入力層と隠れ層の2層からなります。

○ **C**：同じ層のユニット同士の結合をもたないので「制限付き」といいます。

× **D**：制限付きボルツマンマシンによる深層信念ネットワークは、ディープラーニングのためのモデルのひとつです。

□ **67** **D**　　　　　　参照ページ：P109

画像処理向けのプロセッサであるGPUを、ディープラーニングの計算などに利用する技術を **GPGPU** といいます。

□ **68** **B**　　　　　　参照ページ：P110

情報量の単位は、小さい順に 1PB（ペタバイト）＜ 1EB（エクサバイト）＜ 1ZB（ゼッタバイト）＜ 1YB（ヨタバイト）となります。頭文字をとってPezy（ペジー）と覚えましょう。

□ **69** **C**　　　　　　参照ページ：P111

define-by-run を採用した代表的なフレームワークとして、Chainer、PyTorch があります。TensorFlow は当初は define-and-run 方式でしたが、バージョン 2 で define-by-run 方式が採用されました。

○ memo

scikit-learn

Python の機械学習用ライブラリ。ニューラルネットワークをはじめ、様々な機械学習のモデルが使用できます。

□ **70** **C**　　　　　　参照ページ：P112

研究論文の公開・閲覧サイトは、**arXiv**（アーカイブ）です。

□ **71** **A**　　　　　　参照ページ：P112

GitHub は、代表的なソースコードの公開サイトです。

72 B 　　　　　参照ページ：P112

Kaggleは、投稿された課題に対して、最適な予測モデルや分析手法を競い合うプラットフォームです。

73 B 　　　　　参照ページ：P96

多クラス分類問題では、各クラスについての確率が出力されるので、出力値の合計が1になる**ソフトマックス関数**が用いられます。

74 A 　　　　　参照ページ：P95

陽性／陰性のような2値分類では、0〜1の実数を出力する**シグモイド関数**が用いられ、出力値は陽性である確率として解釈されます。

75 D 　　　　　参照ページ：P97

ReLU関数は、微分値が大きいので勾配消失問題が発生しにくく、隠れ層の活性化関数として用いられています。

76 C 　　　　　参照ページ：P97

ReLU関数は、入力が0以下の場合は0、0より大きい場合は入力値をそのまま出力する関数です。

× **A**：シグモイド関数

× **B**：tanh関数

○ **C**：ReLU関数

× **D**：ステップ関数

77 B 　　　　　参照ページ：P98

モデルの予測値と正解値との誤差を表す関数を、**誤差関数**または**損失関数**といいます。

78 D 　　　　　参照ページ：P98

ニューラルネットワークの損失関数としては、回帰問題では平均二乗誤差、分類問題では**交差エントロピー誤差**が主に用いられます。

79 A 　　　　　参照ページ：P98

KLダイバージェンスの値は0以上で、2つの確率分布の差異が大きいほど大きい値になり、交差エントロピー誤差と同様に分類問題の損失関数に用いられます。

80 C 　　　　　参照ページ：P100

確率的勾配降下法は、ランダムに抜き出した学習データごとに勾配を求め、パラメータを逐次更新する手法です。**A**はニュートン法、**D**は最急降下法の説明。

81 C 　　　　　参照ページ：P68，100

一定数の訓練データごとに誤差を合計して、パラメータを更新する手法を**ミニバッチ学習**といいます。

82 B 　　　　　参照ページ：P100

最急降下法のように、訓練データ全体の誤差を合計して、パラメータを更新する手法を**バッチ学習**といいます。

83 **D** 参照ページ：P100

　ひとつのサンプルごとにパラメータを更新する手法を**オンライン学習**といいます。

84 **B** 参照ページ：P102

　学習率は、1回の更新でパラメータをどの程度変動させるかを決める値で、学習によっては調整できないハイパーパラメータです。

85 **D** 参照ページ：P102

×**A**：学習率の値が小さすぎると誤差が収束するまでに時間がかかります。
×**B**：学習率の値が大きすぎると誤差が収束しないことがあります。
×**C**：学習率は勾配消失とは関係がありません。
○**D**：正しい記述です。

86 **C** 参照ページ：P102

　モーメンタム法は、物理の慣性（モーメント）のように、前回の更新量を現在の更新量に反映させ、学習の停滞を防ぐ手法です。

87 **A** 参照ページ：P103

　Adamは、RMSpropを改良した最適化手法で、RMSpropにモーメンタムの考え方を適用したものです。Adamを改良した最適化アルゴリズムにAdaBoundがあります。

NAG

ネステロフの加速勾配法（Nesterov Accelerate Gradient）。モーメンタム法を改良し、より収束を早めた手法。

88 **B** 参照ページ：P104

　過学習を防ぐために、学習の際に一部のノードをランダムに無効化する手法を**ドロップアウト**といいます。

89 **D** 参照ページ：P105, 106

　パラメータのノルムにペナルティを課し、過学習を防ぐ手法を**正則化**といいます。ノルムの違いによってL1正則化とL2正則化があります。

90 **A** 参照ページ：P107

　過学習を防ぐために、一部の層の出力をミニバッチ単位で正規化し、次の層に入力する手法を**バッチ正規化**といいます。

91 **A** 参照ページ：P107

○**A**：バッチ正規化には、正則化と同様に過学習を防ぐ効果があります。
×**B**：各層において、活性化関数に入力する前のデータを正規化します。
×**C**：一般に、ドロップアウトの必要性は減りますが、併用できないわけではありません。
×**D**：バッチ正規化により、学習率を高く設定することができ、学習を早く進行させることができます。

早期終了を行うには、パラメータを何回更新したら性能評価を行うかや、評価指標が何回悪化したら学習を打ち切るかをあらかじめ決めておきます。性能評価は、訓練データから切り分けた検証データを使って行います。

モデルのパラメータには、学習を打ち切った時点のパラメータではなく、性能評価指標が悪化する直前のパラメータを最適値として採用します。

□ 93 C 参照ページ：P104

ドロップアウトは、一定割合のノードを無作為に不活性化させることで、過学習を防止する手法です。ネットワークの経路を変更して学習するので、アンサンブル学習の一種とみなすこともできます。

なお、ノードを不活性化するのは学習時だけで、推論時にはすべてのノードを活性化します。

第5章
ディープラーニングの手法

□ 94 B 参照ページ：P121

画像の周囲を0などの固定データで埋めて画像を拡張する処理を**パディング**といいます。

□ 95 C 参照ページ：P119，121

6×6の画像から2×2の出力を得るには、3×3のカーネルを次のように適用します。カーネルは水平・垂直方向に3マスずつずれるので、ストライドは3になります。

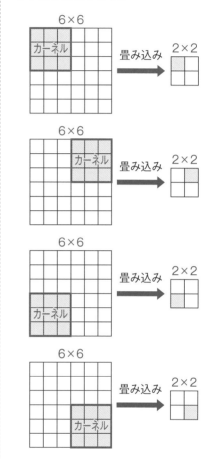

□ 96 B 参照ページ：P119，121

サイズ7×7の入力画像に対し、サイズ3×3のカーネルを水平方向に2ずつずらしながら適用すると、3ピクセル分の出力を得ます。垂直方向も同様なので、出力画像のサイズは3×3

になります。

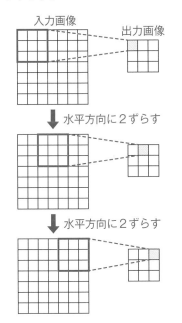

入力画像
出力画像

↓ 水平方向に2ずらす

↓ 水平方向に2ずらす

□ **97** B　　　　　参照ページ：P122

アベレージプーリングは、適用した
カーネル内のピクセル値の平均値を代
表値として出力します。

□ **98** A　　　　　参照ページ：P123

グローバルアベレージプーリング
（GAP）は、各チャンネルの特徴マッ
プのピクセル値すべてを使用する代わ
りに、各チャンネルの特徴マップの平
均値を求める手法です。

□ **99** C　　　　　参照ページ：P124

× **A**：RNNは自然言語処理にも用い
られています。

× **B**：RNNは状態空間モデルとは別

のモデルです。

○ **C**：リカレントは「再帰的」という
意味です。

× **D**：RNNでは、BPTTと呼ばれる
手法で、時刻をさかのぼって誤差の逆
伝播が行われます。

□ **100** D　　　　　参照ページ：P124

リカレントニューラルネットワーク
（RNN）は、株価などの時系列データの
ほかにも、データの順序が重要な意味
をもつ系列データの解析に利用されま
す。自然言語処理や音声認識では単語
や音素の順序が意味をもつので、RNN
が用いられます。一方、画像認識分野
では畳み込みニューラルネットワーク
（CNN）による解析手法が一般的です。

□ **101** A　　　　　参照ページ：P126

RNNでは、系列をさかのぼるにつ
れて勾配消失や勾配爆発、重み衝突と
いった問題が起こり、学習が難しくな
るという問題があります。

LSTMでは、このうち勾配消失や
重み衝突を**ゲート構造**によって解決し
ています。勾配爆発についてはLSTM
ではなく、勾配クリッピングといった
手法で対処します。

○ memo　　　　　　　　　　　　　○

勾配爆発

逆伝播によって勾配がゼロになるのでは
なく、発散してしまう現象。勾配クリッ
ピングは、上限を設けて勾配の値を制限
し、勾配爆発を防ぐ手法です。

☐ **102** **C**　　　参照ページ：P126

　LSTM において、情報をセルから削除するかどうかを決めるのは**忘却ゲート**です。**リセットゲート**は GRU の構成要素です。

☐ **103** **A**　　　参照ページ：P128

　入力した系列データから、系列データの出力を予測する問題を解くニューラルネットワークのモデルは、**RNN Encoder-Decoder** です。

☐ **104** **B**　　　参照ページ：P127

　GRU（Gated Recurrent Unit）は、LSTM の 3 つのゲートを 2 つに削減し、計算コストを削減した手法です。

☐ **105** **D**　　　参照ページ：P127

　双方向リカレントニューラルネットワークは、自然言語処理にも利用できます。

☐ **106** **A**　　　参照ページ：P128

　教師強制とは、リカレントニューラルネットワーク（RNN）の学習において、**1 時刻前の正解値**を現時点の入力として学習に用いる手法です。学習が安定し、早く収束する効果が期待できます。

☐ **107** **B**　　　参照ページ：P130

　敵対的生成ネットワーク（GAN）では、**生成器**が入力されたノイズにもとづいてデータを生成し、**識別器**がデータの真偽を判定します。2 つのネットワークが互いに競合することで、より精度の高いデータを生成するように訓練します。

☐ **108** **B**　　　参照ページ：P130，131

　発表された年は次のとおりです。

2015年	DQN （ディープ Q ネットワーク）
2015年	AlphaGo（アルファ碁）
2017年	AlphaGoZero （アルファ碁ゼロ）
2019年	AlphaStar （アルファスター）

☐ **109** **A**　　　参照ページ：P130

　ディープ Q ネットワーク（DQN）は、行動価値関数の関数近似として**畳み込みニューラルネットワーク**（CNN）を用いた手法です。

○ memo ○

A3C（エー・スリー・シー）

複数のエージェントが並行して学習をすすめる非同期の分散型強化学習アルゴリズム。A3C は Asynchronous Advantage Actor-Critic の略で、actor-critic 法が採用されています。

Rainbow

DQN をベースに、各種の改良アルゴリズムを統合した強化学習の手法。7 種類のアルゴリズムを統合したので Rainbow といいます。

□ **110** D　　　　　参照ページ：P157
　転移学習は、学習済みモデルに新たなタスクを行う層を追加し、追加した層のパラメータを更新する手法です。**A**は蒸留（158 ページ）、**B**はアンサンブル学習（45 ページ）、**C**はメタ学習（159 ページ）の説明です。

□ **111** C　　　　　参照ページ：P159
　大規模な学習済みモデルを教師モデルとして、小規模なモデルの学習に利用する手法を**蒸留**といいます。

□ **112** C　　　　　参照ページ：P158
　学習済みモデルに新たなタスクのための層を追加し、ネットワーク全体のパラメータを調整して新タスクに適用することを**ファインチューニング**といいます。

□ **113** B　　　　　参照ページ：P132
　福島邦彦が開発した**ネオコグニトロン**は、特徴を抽出する S 細胞層と位置ずれを許容する C 細胞層を交互に接続したモデルで、現在の畳み込みニューラルネットワーク（CNN）の原型といわれています。

□ **114** B　　　　　参照ページ：P132
　発表された年は次のとおりです。

1998年	LeNet
2012年	AlexNet
2014年	GoogLeNet
2015年	ResNet
2019年	EfficientNet

□ **115** B　　　　　参照ページ：P134
　AlexNetは、2012年のILSVRCで優勝したトロント大学の SuperVision で採用された畳み込みニューラルネットのモデルで、従来の精度を大幅に上回る性能を示し、ディープラーニングが注目を集めるきっかけとなりました。

□ **116** A　　　　　参照ページ：P134
　Google 社が開発した **GoogLeNet** は、複数の畳み込み層を並列に接続した**インセプションモジュール**を積み重ねたモデルです。

□ **117** D　　　　　参照ページ：P135
　ResNet は 2015 年の ILSVRC で優勝した Microsoft 社のチームが開発したモデルで、層を飛び越えた**スキップコネクション**（skip connection）と呼ばれる結合が特徴です。

□ **118** A　　　　　参照ページ：P134
○ **A**：正しい記述です。
× **B**：AlexNetは畳み込み層、プーリング層、全結合層から構成されています。
× **C**：インセプションモジュールは

第**8**章

模擬試験［解答と解説］

285

GoogLeNet の特徴です。

× **D**：スキップコネクションは ResNet の特徴です。

□ **119** **A**　参照ページ：P135

EfficientNet は、2019 年に Google から発表された画像認識のモデルで、従来より少ないパラメータで高い精度を実現しているのが特徴です。

□ **120** **B**　参照ページ：P138, 141

End-to-End な物体検出の手法としては、Faster R-CNN、YOLO、SSD があります。**U-Net** は画面セグメンテーションのためのモデルです。

□ **121** **B**　参照ページ：P136

R-CNN では、入力画像からセレクティブ・サーチなどを使って候補領域を抽出し、候補領域を 1 つずつ畳み込みニューラルネットワーク（CNN）に入力して特徴マップを出力します。

□ **122** **A**　参照ページ：P137

Fast R-CNN は、はじめに畳み込みニューラルネットワーク（CNN）によって入力画像全体の特徴マップを生成し、特徴マップからセレクティブ・サーチなどによって候補領域を抽出します。

□ **123** **D**　参照ページ：P138

Faster R-CNN は、特徴マップから候補領域を抽出するのに畳み込み

ニューラルネットワークを用いることで、入力からカテゴリ識別まで End-to-End で物体検出を行う手法です。

□ **124** **A**　参照ページ：P137

ROI プーリング は、画像全体の特徴マップから候補領域を切り出し、領域ごとの固定サイズの特徴マップを出力します。出力サイズが 3 × 3 なら、領域候補のサイズにかかわらず 3 × 3 の小領域に分割するので、小領域のサイズは候補領域のサイズによって変化することになります。

□ **125** **C**　参照ページ：P138

セマンティックセグメンテーション は、画像上のすべてのピクセルを**クラス識別**することです。

× **A**：物体検出の説明です。

× **B**：インスタンスセグメンテーションの説明です。

○ **C**：正解

× **D**：キャプション生成の説明です。

□ **126** **D**　参照ページ：P138, 140

セマンティックセグメンテーション に特化したモデルとして、FCN、SegNet、U-Net などがあります。**GAN** は深層生成モデルの手法です（130 ページ）。

□ **127** **D**　参照ページ：P140

完全畳み込みネットワーク（FCN）は、一般的な畳み込みニューラルネット

ワークの全結合層を畳み込み層に置き換えたものです。

☐ **128** **D**　　　　参照ページ：P140

特徴マップを**アップサンプリング**する際には畳み込み演算と逆の処理が行われ、フィルタの数値が学習によって調整されます。

☐ **129** **A**　　　　参照ページ：P143

○ **A**：自然言語処理の説明
× **B**：感情分析の説明
× **C**：セマンティック・ウェブの説明
× **D**：音声認識の説明

○ memo　　　　　　　　　　　　　○

感情分析
アンケートの自由回答や SNS の投稿などから、その文章を書いた人物がポジティブな感情なのか、ネガティブな感情なのかを分析すること。

セマンティック・ウェブ
文書中にその文書自身の内容に関する情報（メタ情報）を埋め込み、その文書の意味に関する処理を実現しようとするもの。WWW を開発したティム・バーナーズ=リーが提唱しました。

☐ **130** **B**　　　　参照ページ：P143

文章や句を意味を持つ最小の単位に分割することを**形態素解析**といいます。

☐ **131** **A**　　　　参照ページ：P144

文章の句構造や係り受け構造を解析することを**構文解析**といいます。

☐ **132** **B**　　　　参照ページ：P144

照応解析は、「それ」「彼」といった指示詞や代名詞が指す対象を、先行する文から推定することです。

☐ **133** **D**　　　　参照ページ：P145

談話構造解析は、因果関係や順接・逆接といった、文と文の間の意味的な関係を推定することです。

☐ **134** **C**　　　　参照ページ：P145

BoW（Bag-of-Words）は、テキストを単語ごとの出現頻度をもとにしたベクトル形式に変換します。

☐ **135** **B**　　　　参照ページ：P145

コサイン類似度は、ベクトル間の類似度（方向がどのくらい同じか）を表す指標です。－1～1の値を取り、類似度が高いほど大きい数値になります。

☐ **136** **B**　　　　参照ページ：P146

TF-IDF は、一般的な単語の重みを低くし、特定の文書に特有な単語を重用することで、文書の特徴的な単語を表す手法です。

☐ **137** **D**　　　　参照ページ：P146

LSIは、テキストデータに**特異値分解**を適用して次元削減し、類似するテキスト同士をグループ化する手法です。

138 **C**　　　　　参照ページ：P146

　LDA（潜在的ディリクレ配分法）は、文書中に含まれる単語の分布から、文書に潜在するトピックを推定する手法です。

139 **B**　　　参照ページ：P146〜148

　単語を語彙空間上の1点を指す実数ベクトルとして表現したものを**分散表現**といいます。分散表現の次元数は語彙数と同じではなく、特異値分解などで次元削減します。

```
○ memo
N-gram
文書や文字列を連続したN個の文字で分割
する手法。
```

140 **D**　　　　　参照ページ：P148

　単語を分散表現によって表現する自然言語処理のモデルを**単語埋め込みモデル**といい、代表的なものに**word2vec**があります。
× **A**：A3C は強化学習の手法
× **B**：Seq2Seq は機械翻訳などに用いられる RNN のモデル
× **C**：YOLO は物体検出のモデル
○ **D**：word2vecは単語埋め込みモデル

141 **D**　　　　　参照ページ：P149

　word2vec の2つのモデルのうち、**CBOW** は周囲の単語から中心の単語を予測するモデル、**スキップグラム**は単語からその周辺の単語を予測するモ

デルです。

142 **B**　　　参照ページ：P148, 150

　word2vec、fastText、ELMo は いずれも単語埋め込みモデルの手法ですが、**SSD** は物体検出の手法です（138ページ）。

143 **D**　　　　　参照ページ：P150

　BERTは、**マスク言語モデル**（MLM）、**次文予測**（NSP）と呼ばれる2つの手法で学習を行います。また、従来のモデルで用いられてきた LSTM などのリカレントニューラルネットワーク（RNN）ではなく、**トランスフォーマー**と呼ばれるエンコーダ・デコーダ構造の新しいモデルを採用しています。
○ **A**：マスク言語モデルの説明です。
○ **B**：次文予測の説明です。
○ **C**：BERTでは、従来自然言語処理に用いられていたリカレントニューラルネットワークに代えて、トランスフォーマーと呼ばれるエンコーダ・デコーダ構造のモデルが採用されています。
× **D**：トランスフォーマーには注意機構が採用されています。

144 **A**　　　　　参照ページ：P151

○ **A**：正解です。
× **B**：キャプション生成の説明です。
× **C**：感情分析の説明です。
× **D**：教師強制の説明です。

145 C 参照ページ：P153

声道で発生する複数の共鳴周波数を**フォルマント**といいます。

146 B 参照ページ：P152

音声を物理的な特徴によって分類した最小単位を**音素**といいます。これに対し、特定の言語を識別するための最小単位を**音韻**といいます。

147 B 参照ページ：P153

音声データをアナログデジタル変換する際、元の音声データの周波数の**2倍**を超える周波数で標本化すれば、元の音声を完全に再現できます。これを**サンプリング定理**といいます。

148 C 参照ページ：P154

人間が知覚する音の高さの変化は、物理的な周波数の変化と比例関係ではなく、一般に高音域ほど変化を感じにくくなります。**メル尺度**は人間が知覚する音高の変化の尺度です。

149 B 参照ページ：P154

ディープラーニング以前に主流だった統計モデルにもとづく音声認識・音声合成の手法に、**隠れマルコフモデル**（HMM）があります。MFCC（メル周波数ケプストラム係数）は、人間の聴覚特性に着目して音声データから抽出した特徴量です。

150 C 参照ページ：P156

WaveNet は 2016 年に DeepMind 社が発表した音声合成・音声認識のアルゴリズムで、AI スピーカーやスマートフォンの応答音声などにも利用されています。

> **memo**
>
> **Julius**
> オープンソースの音声認識エンジン。言語モデルや音響モデルを組み替えることで、幅広い用途に応用できるのが特徴です。

第6章
ディープラーニングの社会実装

151 D 参照ページ：P169

レベル3の自動運転は、高速道路などの限定された領域において、運転手がすぐ運転に戻れることを条件に、システムに運転操作を任せることができます。これに対応して道路交通法が改正され、自動運転中にスマートフォンを含む携帯電話を使用することも、一定の条件下で認められています。

152 B 参照ページ：P170

2020 年4月に施行された改正道路運送車両法では、自動運転車の保安基準として**作業状態記録装置**の搭載が義務付けられています。

□ **153**　**A**　　　参照ページ：P170

　定型的なパソコン作業をソフトウェアロボットにより自動化する技術を **RPA**（Robotic Process Automation）といいます。

□ **154**　**B**　　　参照ページ：P170

　カメラと圧力センサーを使って物体を把握するロボットのように、複数のセンサから複数の異なる形式のデータを得て学習することを**マルチモーダル学習**といいます。

□ **155**　**C**　　　参照ページ：P171

　協調フィルタリングは、利用者の行動履歴をもとに、「この商品を購入した人は、ほかにこんな商品を買っています」のような形で推薦(すいせん)を行う手法です。

□ **156**　**B**　　　参照ページ：P171

　内容ベースフィルタリングは、利用者の好みにマッチしそうな商品を、商品の特徴をもとに推薦する手法です。

□ **157**　**D**　　　参照ページ：P173

　「**信頼性を備えた AI**」の 7 要件は、①人間の営みと監視、②技術的な頑健性と安全性、③プライバシーとデータガバナンス、④透明性、⑤多様性・非差別・公平性、⑥環境および社会の幸福、⑦説明責任の 7 つです。機密性は含まれません。

□ **158**　**D**　　　参照ページ：P174

　アシロマ AI 原則は、民間団体の The Future of Life Institute（FLI）が 2017 年に公表したガイドラインです。**Partnership on AI** は、アメリカの IT 企業を中心に設立された組織で、2016 年に AI に関する倫理原則「**信条**」を公開しています。

□ **159**　**C**　　　参照ページ：P176, 178

× **A**：日本の著作権法では、機械学習の学習用データとして他者の著作物を複製することが認められています。

× **B**：不正競争防止法上の限定提供データとして、保護の対象になります。

○ **C**：情報の選択や構成が創作性を有する場合は、**データベース著作物**として著作権によって保護されます。

× **D**：著作権法上、機械学習の学習用データとして他者の著作物の利用が認められているので、それらを用いた学習済みモデルは元データの著作権者の許可なく営利目的で利用できます。

□ **160**　**C**　　　参照ページ：P177

　営業秘密の侵害行為については、差止め請求や損害賠償請求だけでなく刑事罰も適用され、懲役(ちょうえき)や罰金刑が課される場合があります。

□ **161**　**A**　　　参照ページ：P177, 178

○ **A**：暗号化が絶対要件ではありませんが、営業秘密の要件の 1 つである秘

密管理性を満たすには、暗号化が一般的な方法です。

× **B**：反社会的行為は正当な事業活動とは認められないため、有用性があるとは認められません。

× **C**：営業秘密は、他者が偶然同じ技術を開発してしまった場合には独占的な権利を主張できません。ただし、他者がその技術を秘密として管理する場合は、非公知性が保たれているとみなされ、引き続き営業秘密として管理することができます。

× **D**：失敗した実験のデータであっても、何らかの有用性があれば営業秘密として認められます。

□ **162** **A** 参照ページ：P177, 178

× **A**：限定提供データは、限定された利用者にのみ提供されるデータです。参加者が限定されたコンソーシアムで提供されるデータは限定提供データになりえます。

○ **B**：限定提供データはコンピュータ上のデータが対象となるため、印刷された文書などは限定提供データとはなりません。

○ **C**：限定提供データは電磁的方法で管理されている必要があり、ユーザ認証や暗号化などでアクセス制御されていないものは限定提供データとはなりません。

○ **D**：営業秘密は秘密管理性が要件となるため、限定提供データのように公開されるデータにはなりません。

□ **163** **D** 参照ページ：P176

× **A**：特許法は、発明者を自然人のみと規定しており、株式会社等の法人や人工知能は発明者となることができません。

× **B**：共同発明では、共同者全員が発明者となります。

× **C**：発明者ではなくても、特許を受ける権利は譲渡された人が出願する場合があります。また、出願は法人でも可能です。

○ **D**：正しい記述です。

□ **164** **C** 参照ページ：P176

× **A**：業務外の発明や職務外の発明は、職務発明とはなりません。

× **B**：会社が従業員の職務発明の特許を受ける権利があるのは、契約や勤務規則等に規定がある場合に限ります。

○ **C**：正しい記述です。

× **D**：事前の契約等がなければ、職務発明の特許を受ける権利は従業員に帰属します。その場合、会社はその特許に関する**通常実施権**（特許発明を使用する権利）を有しますが、専用実施権（特許を独占的に使用する権利）はありません。

□ **165** **A** 参照ページ：P179, 180

○ **A**：マイナンバー（個人番号）や基礎年金番号などは、個人識別符号と呼ばれる個人情報です。

×**B**：死者の情報が、遺族などの個人情報に該当する場合があります。
×**C**：メールアドレスに含まれるユーザ名やドメイン名から個人を特定できる場合は、単独で個人情報に該当します。
×**D**：外国に居住する外国人の情報も個人情報に含まれます。

□**166**　**C**　　　　参照ページ：P180, 181
○**A**：診療や調剤に関する個人情報は、要配慮個人情報に含まれます。
○**B**：存否を明らかにできないデータは、開示等の請求の対象外となることから、保有個人データには含まれません。
×**C**：既に公表されている情報であっても、個人情報として保護の対象となります。
○**D**：特定の個人を識別できなければ、単体では個人情報に該当しません。ただし、他の情報と照合して個人を識別できる場合は、その情報と合わせて個人情報となります。

□**167**　**A**　　　　参照ページ：P180
特徴量データは個人を識別可能なデータなので、個人識別符号として個人情報に該当します。

□**168**　**B**　　　　参照ページ：P182
匿名加工情報は、特定の個人を識別できないように個人情報を加工し、復元できないようにした情報です。

□**169**　**C**　　　　参照ページ：P183
原則として、**仮名加工情報を第三者に提供すること**はできません。

□**170**　**C**　　　　参照ページ：P181
変更前の利用目的と関連性があると合理的に認められる範囲であれば、利用目的を変更できます。利用目的を変更した場合は、変更された利用目的について本人に通知または公表する必要があります。

□**171**　**C**　　　　参照ページ：P183, 184
×**A**：GDPRでは、位置情報やCookie情報も個人情報に含まれます。
×**B**：欧州経済領域（EEA）域外の企業であっても、EEA域内の利用者の個人データを扱う場合にはGDPRの適用を受ける場合があります。
○**C**：GDPRは、利用者にデータポータビリティの権利を認めています。
×**D**：GDPRでは、個人情報のプロファイリングに関する規制が定められています。

□**172**　**D**　　　　参照ページ：P185
個人情報保護対策をシステムの設計段階から組み込む設計思想を**プライバシー・バイ・デザイン**といいます。

□**173**　**D**　　　　参照ページ：P179, 181
防犯カメラから得られた顔画像は個人を識別できる個人情報とみなされる

ため、利用目的の告知等、個人情報保護法にもとづく取扱いが必要です。

174 C 　　　　参照ページ：P178
学習済みモデルのパラメータについては、一般に創作性は認められず、著作権法では保護されないと考えられます。

175 B 　　　　参照ページ：P186
予測結果や推論の根拠を説明できるAIを**説明可能なAI（XAI）**といいます。

176 B 　　　　参照ページ：P186
SSDは物体検出の手法です（138ページ）。

○ memo

GradCAM
画像分類において、入力画像のどの部分を判断根拠としたかを可視化する手法。

LIME
推論結果に局所的に近似させた単純な分類器を使い、どの特徴量が推論結果に重要だったかを示す手法。

SHAP
入力データの各特徴量の寄与度をゲーム理論のShapley値によって計算する手法。

---

177 B 　　　　参照ページ：P187
AI技術を使用して捏造（ねつぞう）された本物そっくりの画像や動画を**ディープフェイク**といいます。

178 D 　　　　参照ページ：P187
日本では2020年にディープフェイ

クを用いたポルノ動画を作成、公開した犯人が、著作権法違反と名誉棄損の容疑で逮捕されています。

179 B 　　　　参照ページ：P188
AIが正しく認識できないように、画像に人間の目には違いがわからない加工をほどこしたデータを**アドバーサリアル・エグザンプル**（adversarial example）といいます。

180 A 　　　　参照ページ：P188
日本政府は、**自律型致死兵器**の開発を行う意図はないという立場をとっています。

第7章
ディープラーニングのための数理・統計

181 B 　　　　参照ページ：P204
出る目の確率は $1 \sim 6$ まですべて同じ $1 / 6$ なので、**期待値** $E(X)$ は次のように計算できます。

$$E(X) = 1 \times \frac{1}{6} + 2 \times \frac{1}{6} + \cdots + 3 \times \frac{1}{6}$$
$$= (1 + 2 + \cdots + 6) \times \frac{1}{6} = 3.5$$

182 A 　　　　参照ページ：P205
$V(aX + b) = a^2 V(X)$ より、確率変数の a 倍の分散は、その確率変数の分散の a^2 倍になります。したがって、確率変数の2倍の分散は、その確率変数の分散の4倍です。

□ 183 C 　　　参照ページ：P208

問題文の $f(x)$ は、**正規分布**の確率密度関数です。なお、$\exp(n)$ は、ネイピア数 e の n 乗を表します。

□ 184 D 　　　参照ページ：P209

ある一定時間内に稀にしか起こらない事象の発生回数の分布は、**ポアソン分布**にしたがいます。

□ 185 A 　　　参照ページ：P208

平均 μ、標準偏差 σ の正規分布にしたがう確率変数 x を**標準化**するには、$(x - \mu) / \sigma$ とします。

□ 186 C 　　　参照ページ：P205, 211

× **A**：共分散の説明です。

× **B**：分散の説明です。

○ **C**：正しい説明です。

× **D**：偏相関係数の説明です。

□ 187 C 　　　参照ページ：P211

× **A**：相関係数は－1以上1以下の値です。

× **B**：相関係数の絶対値が大きいほど相関が強くなります。

○ **C**：相関係数は共分散を標準偏差の積で割ったものなので、相関係数が0のとき、共分散は0になります。

× **D**：2変数が互いに無相関でも、独立でない場合があります。

□ 188 D 　　　参照ページ：P210, 211

2つの散布図より、図1には**正の相関**、図2には**負の相関**があります。また、相関の度合いは図1は比較的強く、図2は比較的弱いので、相関係数は(1)が1に近い正の値、(2)が0に近い負の値になります。

□ 189 B 　　　参照ページ：P212

× **A**：相関係数は、2変数の共分散を、それぞれの標準偏差の積で割ったものです。

○ **B**：正しい記述です。一般に2変数間に相関関係が認められても、因果関係があるとは限りません。

× **C**：x と y の相関係数が正の値であっても、z の影響を取り除いた偏相関係数は負の値になる場合があります。

× **D**：2変数のどちらが原因でどちらが結果なのかは、相関係数からはわかりません。

□ 190 C 　　　参照ページ：P213

回帰分析の当てはまりの良さを表す指標を**決定係数**といいます。

□ 191 B 　　　参照ページ：P207

条件付き確率 $P(B \mid A)$ は、次の式で求めることができます。この式を**ベイズの定理**といいます。

$$P(B \mid A) = \frac{P(B)\,P(A \mid B)}{P(A)}$$

索引

アルファベット

あ行

298

●著者略歴　**ノマド・ワークス**（執筆：平塚陽介）

書籍、雑誌、マニュアルの企画・執筆・編集・制作に従事する。著書に『電験三種ポイント攻略テキスト＆問題集』『電験三種に合格するための初歩からのしっかり数学』『第1・2種電気工事士　合格へのやりなおし数学』『中学レベルからはじめる！やさしくわかる統計学のための数学』『高校レベルからはじめる！やさしくわかる物理学のための数学』『徹底図解　基本からわかる電気数学』（ナツメ社）、『消防設備士4類　超速マスター』（TAC出版）、『らくらく突破 乙種第4類危険物取扱者合格テキスト』（技術評論社）、『図解まるわかり時事用語』（新星出版社）、『かんたん合格 基本情報技術者過去問題集』（インプレス）等多数。

本文イラスト◆川野　郁代
編集協力◆ノマド・ワークス
編集担当◆柳沢　裕子（ナツメ出版企画株式会社）

ナツメ社Webサイト
https://www.natsume.co.jp
書籍の最新情報（正誤情報を含む）はナツメ社Webサイトをご覧ください。

本書に関するお問い合わせは、書名・発行日・該当ページを明記の上、下記のいずれかの方法にてお送りください。電話でのお問い合わせはお受けしておりません。
・ナツメ社webサイトの問い合わせフォーム
　https://www.natsume.co.jp/contact
・FAX（03-3291-1305）
・郵送（下記、ナツメ出版企画株式会社宛て）
なお、回答までに日にちをいただく場合があります。正誤のお問い合わせ以外の書籍内容に関する解説・受験指導は、一切行っておりません。あらかじめご了承ください。

この1冊で合格！ディープラーニングG（ジェネラリスト）検定
集中テキスト＆問題集

2021年 7月 5日　初版発行

著　者　ノマド・ワークス
発行者　田村正隆

©Nomad Works, 2021

発行所　株式会社ナツメ社
東京都千代田区神田神保町1-52　ナツメ社ビル1F（〒101-0051）
電話　03（3291）1257（代表）　FAX　03（3291）5761
振替　00130-1-58661
制　作　ナツメ出版企画株式会社
東京都千代田区神田神保町1-52　ナツメ社ビル3F（〒101-0051）
電話　03（3295）3921（代表）
印刷所　広研印刷株式会社

ISBN978-4-8163-7047-2
Printed in Japan

＜定価はカバーに表示しています＞＜落丁・乱丁本はお取り替えします＞

本書の一部または全部を著作権法で定められている範囲を超え、ナツメ出版企画株式会社に無断で複写、複製、転載、データファイル化することを禁じます。